Flaws of Nature

The Limits and Liabilities of Natural Selection

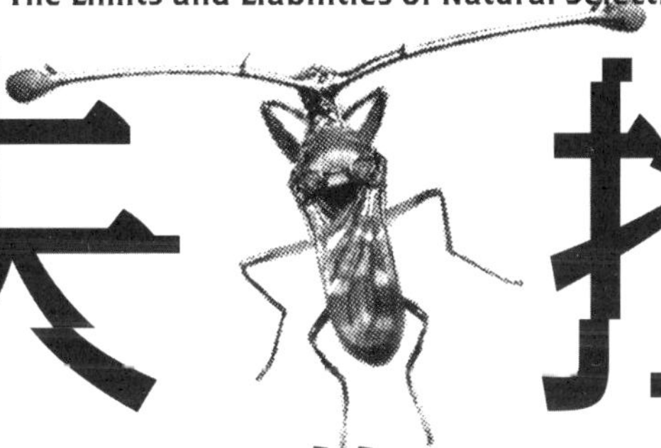

失控的演化群像

Andy Dobson
安迪．道布森——著

呂奕欣——譯
黃貞祥——審訂

合作、攻防、惡意與自私基因，
從物種怪奇案例看見天擇的限制與多樣性

U0539370

CIRCLE
4

人類太常假定演化是開出一條道路，

讓我們能更理想地適應周遭的世界，反之亦然。

看官啊，非也！

目錄

本章以演化中不同物種之間的「軍備競賽」現象為主題，探討適應過程中的妥協與代價。以獵豹與瞪羚為例，雙方便是在競賽中推動了彼此的速度與靈活性的演化，但獵豹的超低捕食率也顯示了掠食者的局限性。這種競爭揭示了「一條命與一頓飯」的不對稱原則，反映出天擇壓力對生物存續的影響。此外，本章也以關島為案例，說明外來掠食者如何摧毀未經天擇壓力篩選的物種。

第二章
飛進杜鵑窩裡的祕密
055

本章以杜鵑鳥的巢寄生行為為例，探討演化中欺騙與辨識的軍備競賽。杜鵑鳥透過模仿宿主的蛋與雛鳥的外觀，成功讓宿主為自己撫育後代；而宿主則發展出辨識外來鳥蛋與雛鳥的能力來應對。開頭以響蜜鴷與人類合作的故事突顯互惠關係，而杜鵑鳥的策略揭示了寄生的演化妥協，深入剖析宿主與寄生者之間的衝突。

第三章
搭便車的不速之客
079

聚焦寄生行為的多樣性及其對宿主的深遠影響。以弓蟲為例，這種寄生蟲能操控宿主（如老鼠）的行為，使其失去對掠食者的恐懼，從而增加傳播到最終宿主（如貓）的機率。這種現象揭示了寄生物如何透過天擇，精密設計自己的生存策略，而宿主又如何抵抗寄生壓力。這種動態平衡也凸顯了天擇的妥協與限制，並非完美設計，而是充滿權衡的過程。

第四章
美得真要命
111

探討天擇與性擇如何影響生物，演化出各種裝飾性特徵。作者以劍尾魚為例，說明雌性偏好的長尾鰭，卻是增加雄魚游泳的阻力。這種看似矛盾的現象可以用「感官偏誤」來解釋，也點出性擇的影響力可能凌駕天擇。此外，本章節也探討了「失控選擇」的概念，指出雌性對某些特徵的偏好，雖然最初與雄性健康狀況有關，但也可能導致雄性演化出不利於生存的性狀。

第五章
演化催人老？
139

探討生物老化的演化成因，並以無尾熊和大象牙齒磨損的例子，說明了天擇如何在生命不同階段影響生物的生存。本章以「拮抗基因多效性」和「可拋棄體細胞」理論來解釋老化現象，同時也探討了年長個體對社會性動物的影響，說明年長個體的經驗和智慧雖然能提升群體生存率，但生存成本也會隨著年齡而增加，同時也說明老化並非生物設計上的缺陷，而是天擇壓力下，生物為最大化基因遺傳所採取的策略。

作者以郵件遞送的比喻，說明基因如何透過個體行為來提升自身的傳遞成功率。基於「親屬選擇」理論，生物會傾向幫助帶有相同基因拷貝的個體，即使犧牲自身利益也在所不惜。此外，本章還探討真社會性昆蟲的利他行為，說明在天擇壓力下，生物的行為策略可能會與人類的道德觀念產生衝突。最後，作者也討論了演化惡意的可能性，指出在特定條件下，生物可能會演化出傷害非親緣個體的行為，以提升親緣個體的生存機率。

本章節探討親子衝突的演化成因，作者以織巢鳥、母獅和老鼠為例，說明親代在特定情況下，會犧牲部分子代以提高整體適應度。這種看似違反親情道德的行為，可以用資源分配的觀點來解釋。此外，本章節也探討了手足競爭和親緣勒索的概念，並以金鵰和纖細長腳蜂為例，說明即使在有親緣關係的個體之間，也存在著資源分配的衝突。

第八章

演化的陷阱與末路

探討生物在演化過程中遭遇的限制與困境，並以斯特拉海牛和大型蜥腳類恐龍為例，說明即使像牠們這樣體型巨大、曾經在生態系裡擔任主宰地位的生物，也可能因環境劇變、缺乏應變能力而走向滅絕。此外，本章也以飛蛾撲火和蜉蝣誤判產卵地點為例，說明演化陷阱如何導致生物做出不利於生存的行為。

第九章

夠用就好的設計與解方

本章探討了演化並非完美設計，而是「夠用就好」的概念。作者以灰鯨的例子說明，演化受限於「路徑依賴」的特性，導致生物無法總是擁有最理想的性狀。回到水中生活的鯨魚沒有演化出鰓，是因為陸地祖先留下了肺，而重新再演化出鰓的過程也未必有利。生物演化出的性狀，主要應對的是常見的威脅和機會，而非罕見的情況，這一情況也可用「罕敵效應」來說明。

第十章 尾聲 303

最後說明演化並非朝向特定目標前進，而是漫無方向、被動且不講道德的過程。人類往往習慣將「自然」等同於「美好」，事實上，自然界充滿了各種不符合人類道德觀念的事件。生物演化的唯一目標是基因的自我複製，即使這些基因的表現形式可能導致個體或物種的衰退或滅亡。我們不應盲目崇拜自然或將演化視為進步的指標，而應該以更理性和批判的眼光，看待自然界和人類自身。

參考資料 319

致謝

由於我是生態學家，不是演化生物學家，因而有賴朋友與前同事相助，才不致陷入事實錯誤與誤解。當然，若有任何錯誤，理當歸咎於我。路克·布希耶（Luc Bussière）讀過性擇的章節，給予許多正確觀念，包括舞虻的細節與生態。莎拉·蘭道夫（Sarah Randolph）在閱讀早期全文草稿時，發揮平日靈敏機智的懷疑態度，助我良多。很感謝伊恩·波頓（Ian Burton）、凱特與安德魯·卡農（Cate and Andrew Cannon）、戴維·沃倫（Dave Warren）、奇蘭·麥康諾（Kiran McConnell）、安德魯·席斯（Andrew Heath）、麗莎·修林（Lisa Schölin）、艾莉莎·羅布森（Alexa Robertson）以及我母親給予評論、支持與鼓勵。謝謝法蘭西斯·胡頓（Francis Hooton），激烈地深入討論達爾文與拉馬克。

尤其感謝海倫·泰勒（Helen Taylor）在新冠肺炎封城時期與我同住，那時我正在撰寫這本書，她還在我強力說服下，為筆電上完成的每一章及後來幾個版本的草稿，提供專業意見。

我很慶幸，不知哪來的好運，能遇上經紀人安德魯·洛尼（Andrew Lownie），他不知道我多麼感激他；我也幸運遇上出版社，但願他們不會大夢初醒。歷史出版社（The History Press）與燧石出版（Flint Books）的編輯團隊讓這本書稿的交付與定稿沒有壓力，十分順利，還乾淨俐落地編輯、設計優美的書；特別感謝艾力克斯・波騰（Alex Boulton）、馬克・貝農（Mark Beynon）、蘿拉・佩瑞欣內克（Laura Perehinec）與賽門・萊特（Simon Wright）。

最後，如果不是我離世的舅舅阿雷斯泰・柏洛茲（Alasdair Burroughs）這麼慷慨，那我根本不會起心動念，開始寫這本書。謝謝您——真希望您可以讀到這本書。

引言

錯誤的第一印象

藝術家漢斯．魯道夫．吉格爾[1]曾在作品中模仿過生物，卻不知道自己做了這件事。一切得從畫作《死靈四》（Necronom IV）說起。吉格爾這張陰森詭異的作品中，描繪的生命形態部分是人、部分是機械，彷彿來自異世界的幻影。這怪物有類似人類的手臂與胸膛——雖然肋骨實在太根根分明，很難確定肋骨之間究竟有沒有皮膚相連——還有張緊繃的臉，上頭有小嘴。臉上的眼睛又大又黑，沒有瞳孔，上方的頭蓋骨則長長地往後拉，呈現恐怖的弧度。背部從脊椎伸出幾根構造，有的為管狀，有的凹凸不平，窄窄的腹部沒有其他肢體相連，最後收攏成末端為圓形的尾巴，宛如陽具。著實怪誕。雷利．史考特（Ridley Scott）就是看上這一點。

吉格爾接受委託，為史考特的科幻恐怖片《異形》製作生物，而異形的原型就是《死靈四》。不過，他還是改造了一下：蛇一般的身體長出腳，但沒了眼睛，只留下單純無物、充滿光澤、神祕莫測的前額；顎張開之後，裡頭還有第二組更小的顎。史考特的想法是，會移動的內部顎是位於像槍枝推彈桿的舌頭末端，能從嘴巴發射到獵物的頭部，像屠宰場用來宰牛的炮釘槍。《異形》是在一九七九年推出，特效設計師卡羅．藍巴迪（Carlo Rambaldi）獲得一九八〇年的奧斯卡最佳視覺效果獎。直到三十七年後，吉格爾才知道，大白然早已搶先一步。

更確切地說，搶先一步的是鯙科。鯙科是掠食性魚類，成員大部分的時間會躲在已死的珊瑚礁岩碎石間，從巢穴獵食其他魚類，以及頭足綱[2]與甲殼動物。雖然鯙科分布很廣，相當常見，但覓食習慣有個層面倒是挺怪異：似乎能在缺乏相應生理機制的前提下，把食物吸入喉嚨。後來，加州大學戴維斯分校的麗塔．梅塔（Rita Mehta）分析高速攝影畫面，觀察鯙如何抓住食物。果然，她目睹奇事發生：鯙利用顎咬住獵物時，喉嚨裡有另一組顎往前發射。第二組顎會抓住獵物，並往後拉。梅塔的同事彼得．溫賴特（Peter Wainwright）在《紐約時報》的訪談中曾說：「我們拿到影片畫面時，坐在那邊目瞪口呆，難以置信。」

1 譯註：H.R. Giger，一九四〇至二〇一四年，瑞士超現實主義藝術家與設計師。
2 原註：cephalopod 就是希臘文「頭－足」的意思：章魚目、管魷目、墨魚目與鸚鵡螺科都是。

消息傳開之後，有一陣子，有個很棒的科學迷因在網路瘋傳，還搭配〈那就是愛〉（That's Amoré）[3]的曲調唱出：

顎張開
裡頭還有其他顎，
那就是鯙科！
（When the jaws open wide / And there's more jaws inside, / That's a moray!）

儘管這段小歌曲文法有點小錯（為了要符合詩歌格律），但還算精準反映事實。不過，請容我提醒：下顎張大後，裡面有更多顎的生物**未必就是**鯙科。為什麼？因為還有成千上萬的其他魚種也有咽頜（pharyngeal jaw）。事實上，大部分的硬骨魚[4]都有第二套顎——也就是「咽頜器官」（內行人稱其為PJA）。但是，在有咽頜的魚類當中，絕大部分的咽頜無法前進或後退，而是固定在鰓的後方，高速攝影機拍不到。鯙科則是將這種常見的精細特徵加強到令人驚豔的程度。

可真是如此嗎？

鯙頭骨與咽頜器官

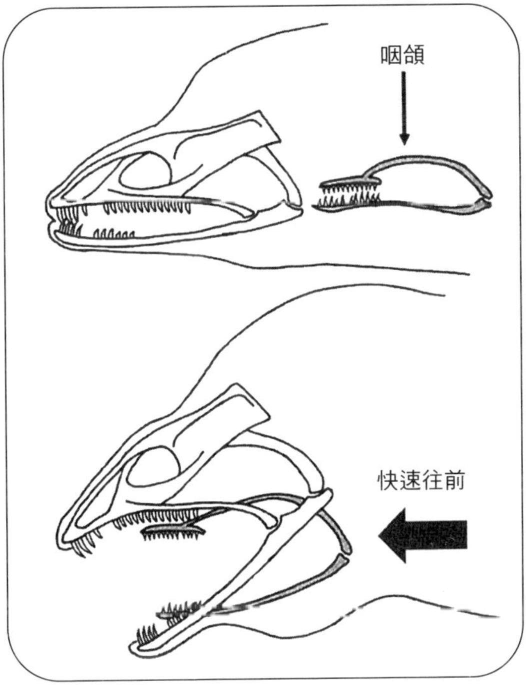

（重新繪製；原作來源：Mehta & Wainwright, 2007）

3 編註：諧音「那就是鯙科」（That's a moray）。

4 原註：有頜魚類主要有兩種——軟骨魚綱（Chondrichthyes，鯊魚、魟魚、鰩魚及其親屬），以及硬骨魚（Osteichthyes，不屬於軟骨魚的其他魚類）。另一族群是無頜魚，包括八目鰻與盲鰻。顧名思義，無頜魚連第一套顎都沒有，裡頭更不會有另一組顎。

鯙科竟然能把獵物吸進口中，令梅塔博士與同事備感驚訝。但他們很清楚，從整體魚類來看，這其實是很尋常的招數。他們沒料到的是，**鯙科**竟然能做到這一點，畢竟鯙科並不像其他魚類，口部與頰部有彎曲的肌肉組織。以鱒魚為例，當牠打開下頜時，嘴部也會往兩邊擴張，將很深的皮膚皺褶拉開。這樣就能大幅增加口腔的容量，如果動作快的話，還能產生低壓空間，讓獵物被外頭相對較高的氣壓往裡推，接著只要嘴巴一闔，就能把獵物關在裡面。如果以真實速度來看，獵物幾乎是憑空消失，這個技巧就是這麼有效率。

簡言之，鱒魚不需要會射出的顎。然而，牠還是有咽頜，只不過不是從咽喉後方往前射。複雜的肌肉組織讓上下咽頜能在幾個平面獨立運作（至少在某些物種是如此），且其上都布滿牙齒。以食魚性魚類[5]來說，其咽頜上的牙又細又尖，可撕下獵物的肉；相對地，慈鯛科[6]楯齒孔首麗體魚（*Trematocranus placodon*）咽頜則長有比較鈍，像栓子一樣的牙齒，可以壓碎與磨細蝸牛；而吃海藻的菲氏突吻麗魚（blue mbuna，另一種慈鯛科）則有扁平的咽頜齒，只是用來先壓實食物，然後再吞下去。

像鱒魚這樣的魚類，鯙科會的牠們都會，同時**也有**消化前就先處理食物的餘裕。你甚至有理由主張，鱒魚嘴巴張大時所形成的陷阱，勝過鯙科靠著把咽頜往前射以捕

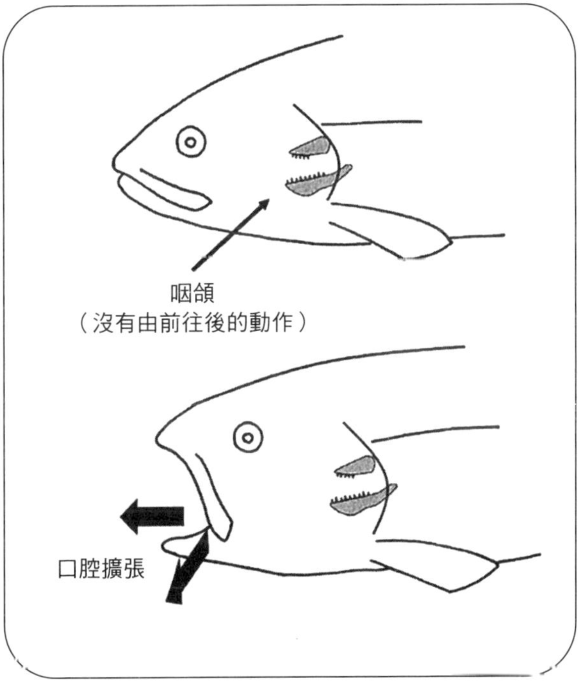

鱒魚覓食的時候，口腔的體積會快速增加，獵物會從外頭氣壓相對較高的地方被往內拉。比起鯙科，鱒魚咽頷的動作較少，因為鱒魚不那麼需要靠咽頷來獵食。

5 原註：ichthyophagous，這個學名就是指會吃魚。

6 原註：cichlid，慈鯛科既廣大且多樣化，是演化生物學家的最愛，因為可以展現出相當快速、近期的物種形成，尤其是在東非大裂谷的族群。咽頷器官通常被認為是這種多樣性大爆發的關鍵因素。

捉獵物的技巧，因為前者不需要任何事先接觸，因此動作較快。從這個較廣的角度來看，就能清楚看出鯙科的咽頜其實是為了彌補其缺乏的複雜的臉部結構，而這解決方式也有其代價：犧牲咀嚼食物的能力。雖然乍看之下很厲害，其實其他魚類有比鯙科更先進的機制。這種往前發射的頜遠遠不是異形般的演化魔法，而是一種變通，甚至稱不上是特別好的變通之道。

§

鯙科並不孤單。

以很廣泛的角度而言，演化是生物體隨著時間而出現改變，並透過天擇過程發生。這過程是指，每個世代會透過有幫助的遺傳變異[7]在競爭中受惠，進而生存與繁衍，於是鳥類、蝙蝠與蜻蜓會飛，蛇棄絕肢體，電鰻會發展出電擊器，蜘蛛會織出精密的網，河狸能打造濕地工程，而螞蟻成了培養真菌類與蚜蟲的農人。生命的多樣性、巧妙與奇觀實在不容小覷，並由天擇鞏固一切。

雖然演化的技巧似乎永無止境，但出色的花俏技巧太容易蒙蔽我們，讓我們忽視不那麼明顯精彩和有用的層面。雖然天擇的物種形塑能力妙不可喻、精彩萬千，但確實有其極限。如果我們真的想要理解演化的完整意義，就需要去探究天擇**做不到**的事。熟悉演化的讀者或許已理解，這過程本質上不帶目的，也沒有一體適用的方向；熟悉演化的讀者或許也能察覺到，動物身上有些刺眼的「設計」瑕疵——例如長頸鹿長達五公尺的頸神經超出必要[8]——這是久遠的傳遺加上缺乏先見之明所造成的。不過，演化的怪象遠不止於此。

事實證明，生物會透過天擇而去除或保留特徵，不斷累積有利的部分，但這樣的累積未必等同有利於個體或物種。以任何合理的定義來看，「進步」是一種難以捉摸的獎賞；更可能發生的是，一切依舊一模一樣。就像鱆科彈弓似的頜，多數演化上的改變只是為了跟上相似物種中的勝利組而採取的手段——而且還得看看勝利組究竟有多強，說不定連跟上都是奢求。物種彼此的互動經常發展成演化上的「軍備競賽」，但相對代價與利益是不平等的，這表示，競爭可能永遠因先天條件而成定局，讓對立者的其中一方或另一方受益。

7　原註：這個詞通常是指DNA分子的變化，可能是複製錯誤，或宇宙輻射之類的外在因素所造成。

8　原註：指的是喉返神經；我們也有這種不高明的繞路神經，不過差別在於——沒那麼長。

這種競爭態勢有助於解釋為什麼有些動物面臨的問題，似乎無法靠天擇修正。後文會提到的例子即可看出端倪，比如大杜鵑（European cuckoo）的宿主或許永遠無法演化出正確方式，辨識鳥巢中過大的怪物，以及瞪羚為何在演化上總比獵豹占上風。不過，演化機制所產生的結果也可能違反直覺，軍備競賽只是其中的一種。當大象的第六組牙齒用壞以後，鮮少能長出第七組，因而註定會慢慢餓死。這現象促使我們探索老化與衰老的特殊演化，以及似乎能躲過這演化的物種群體。這也會促使我們思考個別動物與基因之間的關聯；自然界有些最窩心、也最令人不自在的事件，即可歸因到這兩者的無意識衝突，各自的利益並不完全一致。雖然天擇的行為對個體最直接，但如果同樣的基因也在其他地方複製（幾乎都會），則集體利益就會勝過個體。最終結果可能是利他主義；也可能是惡意。

有些演化拚鬥甚至最終演變為兩敗俱傷，沒有贏家。你或許會認為，孔雀的華美尾巴是演化的成就——若純粹從美學觀點來看，確實如此。但如果是一隻有自省能力的孔雀，恐怕就無法對此有認同的熱情。華美裝飾是雄鳥為了接觸雌鳥的競爭產物，因此重要性無與倫比，但如果所有的雄鳥聚集起來，決定將大家的尾羽都減少到某個程度，相對的求偶成功率不但不會變，大家還會過得更輕鬆愜意，不那麼有風險。當然，孔雀無法做出這種合作行為，但天擇也不行。演化永遠無法讓孔雀擺脫這個問題。

在這些現象中，每一種都指出了演化的特質，每一種都有各自的解釋，因此，這又闡釋了演化過程本身的運作。這本書的目的就在此——指出出乎意料的演化結果，來研究演化。這本書說的是演化陷阱的故事，是演化的障礙、盲點、取捨、妥協與下作出包。在過程中，我們會學到動物為何似乎總慢了半拍，為什麼長久下來，無效率的情況會越來越多，為什麼掠食者總會輸，以及為什麼寄生者通常會贏。

這是演化，但演化可不像「熱門金曲精選輯」那樣，每個案例都酷炫精采。

簡單來說

在某種程度上，每個針對演化生物學撰寫文章的人，都要對抗目的論的難題——換言之，其措詞會暗示有方向、尋找目標的行為，但其實根本沒有目標存在。舉例來說，「雌艾草松雞會選擇最厲害的雄鳥，以產下最優質的後代」，或者「感冒病毒已演化出讓宿主打噴嚏的能力，這樣才能傳到其他宿主身上」。這兩句話都暗示著意圖：雌松雞**想要**最好的後代，且知道如何取得；病毒**想要**在人與人之間傳染。當然，在現實生活中，這些情況根本沒有任何意圖。松雞不知道為何要花時間審慎挑選伴侶；病毒根本沒有想法。

生物學會使用目的論的語言，原本是因為在達爾文以前，確實認為這樣的語言是正確的；意圖是**存在**的——動物表現出的是上帝覺得適切的行為，因此從裡到外都是有意圖。後世的生物學家清楚理解到，使用這種語言談論天擇機制並不妥當，但仍繼續沿用，單純是出於方便。英國科學家約翰·伯頓·桑德森·霍爾丹（J.B.S. Haldane）曾說過一段很值得引用的揶揄之語：「目的論就像是生物學家的情婦：少了她，他就活不了，但他又不願在公共場合被人看到與她在一起。」

因此，你會在本書中找到這種例子，例如第九章對鯨魚的描述：「牠們有強大的尾鰭以**供**推進……」尾鰭的功用是推進嗎？不是——尾鰭不是刻意為了推進或任何目的而設計；若要避免流於那種修辭手段，我們頂多能說，這威力強大的尾鰭，讓鯨魚能夠達到那樣的成就。我們甚至不能說創新來自需求；鯨魚的老祖宗即使沒有威力強大的尾鰭，仍然活得好好的，後代也證明了這一點。鯨魚尾**並不是**為了回應那項需求而演化來的。尾巴的演化是因為在漸進形成的過程中，每一步都比之前更能促成繁衍成功。這差異很幽微，但很重要。

然而，只要讀者意識到，人們會運用「長話短說」代替確實描述事件，那麼偶爾用點目的論的寫法來為文字調味，通常會讓寫作（與閱讀）演化主題文章的過程不那麼笨重。不妨思考一下，假設有一段關於鯨魚尾鰭的文字，完全擺脫了目的論：

以鯨魚來說，其尾巴最後是大大的尾鰭，連接到強力肌肉，因為古鯨魚發生隨機的遺傳突變，造成過去的窄尾稍微變寬，這剛好能促成鯨魚在水中的移動加速。有這種突變的個體，在移動時自然就能比競爭者耗費更少的力氣，因此寬尾性狀在歷經許多世代的過程中，擴散到整個族群，長久下來也變得更加明顯，因為進一步擴大尾部的突變也同樣累積起來。尾巴變寬的進展，會伴隨著腹側與背側肌肉彈性變強的趨勢來互補，而其本身似乎是源自肌肉模式與成長出現隨機突變，提供移動上的效益，因此為承載這種性狀的鯨魚賦予繁衍優勢。

這樣的說法，無疑比「牠們有強大的尾鰭以供推進」要更精準，只是讀起來缺乏經濟效益。

在本書中，我的目標應該是避免目的論的語言，但只有在不犧牲可讀性的條件下，我才會避免。有些生物學家認為必須避免任何目的論的公式，才不會出現神聖性（或至少是方向性）目的的暗示。在我看來，這樣顯然太囉嗦。我希望總是能讓人一眼看出我的語言用了比喻，而不是字面意義；我會盡力讓這種文字明顯一點。同時，懇請各位讀者不要在自己的創造論者部落格貼文中，引用我不慎寫出的目的論文字，指稱演化生物學家無法認清自己對主題的立場。

第一章

因小失大

Winning the Battle, Losing the War

任憑風吹的落葉：豹海豹

豹海豹（*Hydrurga leptonyx*）可說是逗趣又兇猛。牠們的肌肉豐滿，身形卻又像條蛇，長度可能超過三公尺，而管事的那一端有個面無表情、狀似爬蟲類般帶著威脅感的頭顱。那張臉稱不上有情緒或思維，只能說能夠清清楚楚看出牠在打量是否要把對方吃掉。的確，豹海豹有種令人不安的機械感，彷彿其創造者明白，以華麗的美感裝飾這麼明白直接的毀滅性工具，其實沒有什麼意義；武士刀或許可當作藝術品，但是沒人有閒情逸致裝飾機關槍。如果大自然是建築師，豹海豹就是粗獷主義階段的產物。

不過，這樣的豹海豹可不是被精心打造的成果，相反地，豹海豹是還在進行的作品。

太靠近活生生的豹海豹嘴巴，恐怕不是明智之舉——成年海豹可能重達六百公斤，也會殺害人類——但是檢視照片和顱骨倒是沒有安全疑慮。所以，不妨找張照片或顱骨，仔細看看牠的牙齒。其犬齒可能吻合我們對於會獵食魚類、企鵝或其他海豹等動物所抱持的預期——又大又長，易於使用。不過，豹海豹的臼齒挺奇怪，很窄，有又細又深的凹槽，因此上下顎合起時會產生篩狀孔洞。這樣看來，就留著豹海豹近親（哎呀，恰好也經常成為其獵物）的痕跡——食蟹海豹（crab-eater seal）。後者的俗名其實不太實用（種小名[9] *carcinophaga* 也不太正確，這在拉丁文中代表「食蟹者」），因為這種海豹並不吃螃蟹，而屬名 *Lobodonta* 則是很貼切。*Lobodonta* 字意是「葉狀齒」，[10] 食蟹海豹會利用葉狀齒來吃磷蝦（一種微小、類似蝦子的甲殼類動物），吸入滿滿一口，之後把水從牙縫排出來。豹海豹的葉狀齒沒有小老弟那麼細密，但確實也可達到相同目的；因此，這些長著狼牙的野獸不僅能以只有半吋長的無脊椎動物為食，也能吞下企鵝。一位早期研究這種攝食行為的實驗觀察者注意到時，就像是發現獅子會吃羚羊，也會吃螞蟻。

在任何時間或地點，一隻豹海豹可能主要靠著吃很大或是很小的獵物來生存，或者可能兩者都不偏廢，而其身體對於兩種的適應性在一生中也不會改變。不過，豹海豹這個物種本身似乎在進行一趟旅程。由於豹海豹發揮過濾兼進食作用的牙齒並未像食蟹海豹那樣特化，卻比親緣一樣近的其他海豹更特化，[11] 因此我們可以推論，或許牠

9 原註：二名法是國際認可的科學命名法，而這就是二名法的第二個部分。第一個部分是屬名；兩者都要以斜體字表示，只有屬名開頭要大寫。比方說，人類的屬名是 *Homo*，種小名則是 *sapiens*。

10 譯註：食蟹海豹族在中文也稱為鋸齒海豹族。

11 原註：就是威德爾海豹（Weddell seal）與大眼海豹（Ross seal）。加上豹海豹與食蟹海豹，就構成了自己的族——鋸齒海豹族（Lobodontini），全都有相當特殊的牙齒。

們正在演化，有可能會擺脫那功能，也有可能正朝著那樣的功能演進。由於缺乏進一步的化石證據，因此很難說明是哪一種——或許牠們其實發現了很好的中庸之道，最適合目前的環境，遂維持現狀。無論是哪種情況，我們都忍不住要解讀過往的變化在那些牙齒中所留下的印記。

那樣的改變其實和選擇無關；沒有哪隻古代豹海豹在某天醒來時，發現自己的牙齒太難用，吃不到磷蝦，因此決定要處理一下。相對地，海豹是被動的旅人，就像是任憑風吹的葉子，把牠們推往哪，牠們就去哪。這股推力是來自外在環境。如果企鵝和其他大型動物變得很難找到，而牙齒凹槽略深一點的海豹個體可能會發現，自己比其他海豹更容易吃飽，因為牠們可以更有效地吃到磷蝦。可想而知，這些海豹的生殖成功率會比較高，因此下一代有那種牙齒形狀的個體比例會更高。

在此介紹一個挺有用的詞彙——環境會對牙齒形狀加諸「**選擇壓力**」（selection pressure）。過了一段時間，磷蝦可能會變得比較罕見，之後豹海豹也更值得把焦點放到企鵝身上。於是出現鐘擺擺盪，選擇壓力的方向改變，繁複的牙齒也會由好處轉變成負擔，因為在上下顎用力合起，咬到脊椎動物的骨頭時，就可能有斷裂的風險。

今天的豹海豹後代會出現何種長期發展軌跡，仍有待觀察，但從環境變化的傾向來看——因應氣候、競爭、掠食、覓食機會與無數其他狀態而改變——說豹海豹會變成不同的動物，應是八九不離十。這就是演化，且會發生在所有譜系。牠們會改變。

但有些變化就是比其他變化進行得快；比方說，掠食者的變化速度往往會落後獵物。

天生註定失敗

掠食者有個現象，會促使我們將牠們分門別類。二〇一〇年，ＢＢＣ上映一系列紀錄片，名為《完美獵食手冊》（Inside the Perfect Predator）；動物星球頻道之前也有一套短片，稱為《大自然的完美掠食者》（Nature's Perfect Predators）；國家地理頻道不落人後，也推出《肉食動物行星：完美殺手》（Planet Carnivore: Perfect Killers）。就我所知，沒有任何節目會取名為《完美食腐動物》、《一流草食性動物》或《超優濾食性動物》。為什麼？嗯，一般人或許會認為，我們奉承掠食者的傾向，是很自然地因恐懼而生，並透過合理的敬意展現；或許在某些實例中確實如此，但我們並未只把這樣的誇張修辭保留給在不同時間與地點想吃掉我們的動物；ＢＢＣ的紀錄片系列囊括了隼，這種鳥很少超過三磅重（約一點四公斤）。海倫．麥克唐納（Helen MacDonald）是作家與學術人員，她在《隼》（Falcon）這本書中談到這種鳥科動物的文化史，指出隼「會讓我們更興奮，因為牠似乎比其他鳥類更優越，散發出危險、銳利與自然的崇高性」。後來，在討論隼的軍事用途時，她解釋為何隼能夠獲得讚譽，是「生物界的戰機：裝備精良、自然界的空氣動力學完美榜樣」，還在其他地方引用作家肯尼斯・里奇蒙（W. Kenneth Richmond）的描述，稱隼是「比例完美、身形細膩的生物，勇敢又有智慧，在空中是壯觀的表演，而在執行追逐時無與倫比」。

這些看起來似乎都不是空穴來風。的確，像遊隼這種鳥，讓人在直覺上就感受到優越，因此質疑根本是多餘之舉，甚至有刻意唱反調之嫌。回到豹海豹，想像一下畫面，這怪物一口吞了隻企鵝，再想想看這會是多麼一面倒的情況。畢竟企鵝哪有什麼壓箱寶能對抗海豹半公噸重的身體與捕獸夾般的顎？通常我們在想到像豹海豹這種動物時，會伴隨著「致命」與「有效率」之類的形容詞（而依據個人喜好，可能會加上一些修飾詞，例如「美麗」、「高傲」或「盛氣凌人」）。相反地，企鵝可能是「無助」或「受害」，當然不會是贏家，頂多只是生還者，是南半球海洋統治者的炮灰。換言之，其中的假設是，優勢是在掠食者這邊，而生命的優越階級性，就只要看看食物鏈即可發現。

然而事實正好相反。把掠食當成是勝者與輸家間的互動，是很容易詮釋的方法，因為這觀點強調了兩個個體正面對決的那一刻。不過，同時也忽視了雙方的所有個體在一生中所碰到的對決結果，以及把層次拉高到物種時，所發生的更廣泛互動。如果把畫面拉到更廣的角度來看，情況就不同了。想想看任何頂尖掠食者（包括豹海豹），你想到的動物會一而再、再而三抓不到其所追逐的對象。成功獵捕是例外，不是常態。只有少數幸運的個體可以串起夠多的成功，得以活下來；大部分個體就只是餓殍。

不得不承認，我們對於身為獵者的豹海豹所知不多。豹海豹鐵了心要遠離人類觀察，因此我們對於其掠食習慣的大致概念，說是猜想也不為過。然而，我們對於獵豹的了解，則不可同日而語。這是人類已觀察與研究數十載的動物，在歐洲與北美的客廳廣為人知，看電視的人，對獵豹甚至比對就在窗外的動物還熟。以東非莽原為焦點的自然紀錄片多得是，獵豹因此成為明星。的確，沒有多少掠食者獲得的奉承能和獵豹這種四肢修長、自由奔跑的貓科動物一樣多（牠獲得無數讚揚，想當然耳，《金氏世界紀錄》從一九五五年開始出版之後，每一個版本都把獵豹列入世界最快的陸地動物）。正如幾乎所有的野生動物紀錄片想告訴我們的，獵豹是完美的掠食者，身穿完美的斑紋大衣，可以想抓什麼就抓什麼，只要冷靜甚至輕蔑地點一下獵物腳踝，就能把獵物撲倒在地。但獵豹到底有多熟練？

答案很可能是：「沒有你想的那麼熟練。」一九九三到二〇一一年間，北坦尚尼亞曾進行「賽倫蓋蒂獵豹計畫」（Serengeti Cheetah Project），觀察者記錄到兩百九十五次獵豹的獵食行動，發現成功率僅有百分之四十一。換言之，牠們通常會失敗——而這個成功率的數字對大型掠食者來說，已經算是相當高了；多數研究發現，其他掠食者的命運更加悲慘。在挪威斯瓦爾巴群島，北極熊在獵捕躲藏於分娩藏身處與透氣洞的海豹時，成功率大約是百分之十；在非洲喀拉哈里，花豹的成功率大約是百分之十六；而在蘇格蘭河口獵捕水鳥的雀鷹與遊隼，成功率分別是百分之十五與百分之七。

如果連明星級物種的掠食成功率都這麼低，那麼發現掠食者的生存機率很低，也就不足為奇（尤其是相對無經驗的少年幼獸）。然而，小獵豹碰上的第一個挑戰並不是避免飢餓，而是避開其他掠食者。劍橋大學的凱倫．洛倫森（Karen Laurenson）利用無線電項圈，在一九八七到九〇年間追蹤賽倫蓋提的母獵豹，記錄到世上最快速的哺乳類在生命中得面對的嚴苛現實。獵豹生命的最初幾個月是非常危險的，在洛倫森追蹤的幼獸中，有百分之七十二沒能活著離開巢穴。就算能走出巢穴，兩個星期之後，也只剩下百分之五十一還活著。幼獸的死亡有百分之七十三的比例是因為掠食——主要是遭到獅子掠食。

洛倫森估計，幼獸能生存到第十七個月（也就是差不多來到獨立階段）的機率是百分之四點八。把這與中非共和國的人類相比（這是目前人均壽命最短的國家），在中非共和國，百分之九十一的嬰兒會活到一歲，百分之八十八活到五歲。因此比起世上最貧困國度的孩子，小獵豹的生命危機幾乎是高出一個量級。這樣的話，獵豹是完美的掠食者嗎？恰恰相反，大部分的獵豹根本從來沒宰殺過任何東西。

一路狂奔的演化競賽

眼睛瞇起、齜牙咧嘴以及令人驚訝的速度，顯然無法解決獵豹面臨的所有問題。順帶一提，雖然「速度」可能是最容易令人和獵豹聯想在一起的特質，也似乎主導其演化史，卻很難確切說出獵豹究竟有多快。獵豹在追一隻瞪羚時，可能不會使出全速，因為牠得準備隨時轉向，而且要統整步態，這樣才能執行讓獵物仆地的勾絆動作。想想看，有個足球員一邊踢著球，一邊衝向前場；他們不太能使盡全力猛踩油門，因為他們得讓腳踏到地面上的適當位置，才能每三、四步就把球往前踢。獵豹也一樣，這表示，無論你計算到獵豹跑出什麼樣的速度，牠們大概都能跑得更快。因此，目前的衡量都是低估值，但姑且就當作是時速一百二十八公里吧，這樣還是非常、非常快。相較之下，尤塞恩．博爾特[12]的百米世界紀錄當中，最快的二十公尺速度為時速四十四公里（而這絕對已經是他最快的速度了）。

現在有個更有意思的問題：**為什麼**獵豹的速度這麼快？我會說這個問題更有意思，是因為探索這個答案，會讓我們洞悉瞪羚才是處於有利地位的一方（企鵝也一樣，或許已經進入飢餓海豹肚子裡的不算）。從某些方面來看，正如我們所見，當獵物也是有報酬的。

那麼，獵豹為什麼這麼快？答案有兩個，都可以用短短一句話說完，其中一個符合直覺，另一個看起來在掉書袋：

一、因為牠們要獵捕的動物，和牠們的速度幾乎一樣快。
二、因為數十億年來，都有分子會自動自發地自我複製。

第一個答案是近因（proximate cause），這也是所有貓科動物速度會這麼快的直接原因——牠們速度很快，是因為牠們想吃的東西也跑很快。對獵豹來說，這就包括幾種瞪羚以及其他小型羚羊，這些獵物大部分時速可達到七十到九十公里，而且能長距離奔跑。快速的獵物會對掠食者施加速度上的選擇壓力——所以囉，獵豹速度那麼快，是因為瞪羚很快。

在繼續談下去之前，先釐清一個觀念比較要緊。雖然瞪羚的速度驅使獵豹速度加快，但這兩種**物種**並不是在比誰跑得最快；任何競爭只發生在**相同**物種的成員之間。某隻獵豹的速度相對於整體獵豹的平均速度，實際上就和相對於瞪羚的平均速度一樣重要。聽起來或許不符合邏輯，所以，接下來我們要看看是怎麼回事。假設瞪羚族群中的某個時刻，任何成員動作都夠慢，因此獵豹可以抓到瞪羚，只是每次捕捉都得花點力氣。有一小個獵豹族群就能靠著這些瞪羚活得好好的，即使個別獵豹的速度有差異，但沒有任何獵豹會無法養育幼獸；那麼以生殖成功率來看，這群獵豹之間的差別相當小。

但現在，附近有一群獵豹遷移過來，增加了掠食者密度，於是動態改變了。在原

12 譯註：Usain Bolt，一九八六年出生的牙買加短跑運動員，曾創下多項短跑世界紀錄。

本族群的個體中，通常每次抓獵物只要試個一、兩次就行的，還是能抓到獵物並餵飽自己與幼獸，但那些動作**略**慢、需要試個三次才能成功的，則就會就陷入困境了。由於獵豹數量增多，這裡的瞪羚數量日益稀少，於是一次獵捕失敗就可能會顯得更加危急。以前「失手」一次，表示要多花一點時間打獵、少一點時間睡覺，但現在則代表要挨餓好幾天。結果呢？獵豹面臨的選擇壓力變高，即使一般瞪羚沒什麼變化；只有掠食者之間的競爭更加激烈。

話雖如此，這情況下，在累積幾個世代的競爭過程中，改善的依然是**速度**（而不是消化效率、肩寬或聽力等等），因為瞪羚就是靠著**速度**來擺脫獵豹。反過來看，同樣的情況也發生在瞪羚上，這兩個過程會彼此強化。

解釋完這一點之後，就可以繼續深入探究原來的話題。獵豹確實很快，因為瞪羚很快（反之亦然），但其實我們的意思是，這個世代的獵豹很快，是因為其**父母世代**的瞪羚很快；而那些瞪羚會跑很快，是因為在更早之前的瞪羚世代，所面對的獵豹速度也很快，以此類推。這情況持續追溯，溯及史前人類注意到獵豹或瞪羚之前，甚至可以回溯到獵豹與瞪羚的祖先看起來像獵豹或瞪羚之前。時針持續倒轉，回到幾千年前，競爭而導致的變化開始轉變。現在重要的不再是速度，而是變成其他事情（或許是一套特徵），很快就有更多物種被拉進來。更多成員透過優勢與瑕疵、成功與失敗，在這個網路上連結起來，每個物種都具備其親代最有用的特徵——然而，我們還是朝著越來越久遠的過往前進，到了第一個哺乳類尚未出現的時光、到最早的陸地生物出現之前、回歸海洋，甩去脊椎與鰓，失去神經，連移動的力量都沒了，就這樣掉落在海床上，在洋流中無助地抽搐……

這樣看來，彷彿「為什麼獵豹速度這麼快」的答案永遠難以理解，在無限迴圈中溜走，就像孩子問你問題，你每次給一個解釋，孩子又繼續追問：「為什麼？」但是，這迴圈並非永無止境，而是最後會終止在一種分子，這分子會在所謂的「原始湯」（primordial soup）複製自己。這就是前述問題的第二個答案，而既然這是最終極原因，[13]就值得好好花點時間說明。這剛好也能說明地球上的生物變得多麼沒有效率。所以，讓我們先從另一個方向來展開這過程，也就是從分子開始。

13 原註：嗯，差不多是如此。我們可以進一步詢問，為什麼有自我複製的化學物質存在，但那樣足以用另一本書說明，我不要寫。

複製者

這是在四十到四十五億年前發生的。那時生命尚未出現，對於中立的觀察者來說（如果有這觀察者），也沒有什麼值得注意的東西存在。但是，地球上有水，裡頭有各式各樣的化學物質，可能溶解在其中，也可能懸浮著，能量是以火山、海底熱泉與雷暴的形態出現。我們不是很清楚究竟是怎麼展開的，但是在這不祥的場景中，出現了一種有特殊性質的分子。它想必有點像去氧核糖核酸（deoxyribose nucleic acid——較知名的稱呼是DNA），其後代也確實變成DNA，但這分子的確切化學構成，不如下列這項事實重要：在某些狀況下，這單一分子開始自我複製。之後它又複製出另一份，那些複製物又繼續複製，不久之後就出現指數型增加的分子家族，全都在製造自我複製的後代。這些就是複製者（replicator）。

DNA是一條長鍊（其實更像梯子，但會像是螺旋麵那樣扭轉），[14]它會複製，把自己從中間分裂為二。這兩半之後又會從周圍的媒介中汲取較小的結構，補上之前夥伴的部分，直到原本只有一個分子的位置，現在有兩個相同的分子。原本的分子可能是單股，很像現代的化學ＲＮＡ（核糖核酸，也與細胞裡的遺傳機制有關），但兩種分子都有一項重要特徵：不會永遠完美忠實複製，反而偶爾會出現複製錯誤——這對接下來發生的情況非常重要。

每當複製者產生子代分子，而這子代略和其他不同時，新的複製者就會產生本身的拷貝，把錯誤保留下來，創造出不同的新譜系。這些譜系中，有些在組裝其複製品時的速度或效率是略微不同的。這表示，有些會變得比其他更加常見。在某些時候，

14 審訂註：在生命的最早期，遺傳物質的角色可能是由ＲＮＡ而非ＤＮＡ承擔的。這一觀點源於「ＲＮＡ世界假說」，認為ＲＮＡ是地球上最早出現的遺傳分子，同時也是生命的催化核心。相比ＤＮＡ，ＲＮＡ具有一些獨特的特性，使其成為早期生命的最佳候選者。

首先，ＲＮＡ是一種功能多樣的分子，既能像ＤＮＡ一樣攜帶遺傳資訊，又能像蛋白質一樣充當催化劑。例如，現代生物中的核酶（ribozyme）證明了ＲＮＡ具備催化化學反應的能力，尤其是在蛋白質合成過程中，ＲＮＡ是核糖體的關鍵組成部分，負責促進肽鍵的形成。此外，ＲＮＡ能自我折疊成複雜的三維結構，支持其執行多種生化功能。

其次，ＤＮＡ和蛋白質的產生都依賴於ＲＮＡ的幫助。在現代生物中，ＤＮＡ需要蛋白質酶來進行複製，而蛋白質的合成又需要ＲＮＡ的指導。如果追溯到最早的生命形式，ＲＮＡ的「雙重角色」可以解釋生命如何在缺乏專門分子的情況下實現自我複製和代謝功能。

此外，化學實驗也提供了支持ＲＮＡ世界假說的證據。在模擬地球早期環境的條件下，科學家已經成功合成了ＲＮＡ的基本組成單元，並發現ＲＮＡ分子能進行簡單的自我複製。這表明，在原始地球上，ＲＮＡ可能具有自我增殖的能力，為生命的起源奠定了基礎。

相比之下，ＤＮＡ雖然是現代生命的主要遺傳物質，但它缺乏催化功能，也無法像ＲＮＡ那樣單獨發揮作用。在生命演化的過程中，ＤＮＡ逐漸取代ＲＮＡ成為遺傳物質，因為它的雙螺旋結構更穩定，更適合長期儲存遺傳信息。然而，在生命的起源階段，ＲＮＡ的靈活性和多功能性可能是生命發展的關鍵。

光是複製者的數量，加上附近新物質的建造原料並非無限，就表示譜系之間會出現競爭。雖然複製活動是被動的且缺乏目標，但依然有「贏家」與「輸家」之分：組裝快的會比組裝慢的常見。

現在假定其中一種複製者譜系，是誕生自賦予其特殊能力的複製錯誤；相對於只從漂在附近、未經使用的微少成分組裝出一個拷貝，它反而會積極從其他複製者的分子中奪取那些原料，因此成為「掠食者」。這種譜系很快就會主導情勢，而只有可以保護自己不受肢解的複製者，才能在掠食者出現時仍然生存下來。這可能會在複製錯誤的時候發生，比方說，收集的不光是自己複製的成分，還會收集能驅退那些「攻擊」的額外化學物質層。現在，假設這些「武裝」複製者的譜系終於改變了，也開始可以撕裂其他的複製者，把成分收進自己的拷貝中。這會兒情況逆轉，原本貪婪的譜系要不是需要幸運的突變，給自己同等的武裝，要不就是面臨滅絕。

如果把時間快轉幾億年，就會看到彼此競爭的複製者譜系所使用的機制。在存活下來的分子周圍，化學物質層可能更厚、更多元，更能有效驅逐攻擊，而發動攻勢的工具也跟著更有侵略性。事實上，要辨識出那些複製者的分子可能挺難的，因為它們會躲在自己打造的殼中。若以英國演化生物學家理查・道金斯（Richard Dawkins）的話來說，它們安安穩穩躲在「生存機器」裡。

「選擇合作」（selective cooperation）顯然是進一步的創新。有些來自不同譜系的複製者會合併起來，而這些聯盟當中，有些比個別成員更能生存。這組的其中一種複製者，可能導致機器覆蓋著保護層，而另一種則提供附屬物（appendage），攻擊其他機器；每種特色在獨自發揮功效時可能已經很有用，但整合起來時，會產生加乘效果。

這些結盟的生存機器為了取得原料，彼此會爭個你死我活。隨著複雜度提高，對原料的需求也更高。這其實就是軍備競賽，結果也一樣——在攻防上有一系列針鋒相對的創新——不過這過程有個層面明顯和常見的軍備競賽不同：人類軍備競賽是經過深思熟慮，但這個沒有。舉例來說，在一九一四年以前，英國、法國、德國的裝備會越來越精良，是因為大家能看見彼此在做什麼，因此決定避免落入屈居弱勢、缺乏防衛的處境。相較之下，（在生存機器裡的）複製者將攻擊與防衛升級的情況卻未經規劃，也沒有目的。這些複製者都不「在乎」自己是否主導或被打爆，而在其化學成分中不時發生的變化是隨機的，並不是直接往至高的霸權前進。然而——這是關鍵——複製者若能透過隨機改變，使其在環境中成為更具競爭力的複製者，則最可能留存下來，產生更多自己的拷貝。這過程是沒有方向的，但結果看起來是穩定前進。當然，時至今日，我們可以稱這些複製者為「基因」，而生存機器為「生物體」。

於是舞台準備好了，可以迎接接下來的一切，從有發射性咽頜的鱒科到關於外星人的電影都是，這些全是因為複製錯誤而發生。如果第一個複製者能夠完美忠實地做出自己的拷貝，那些拷貝又做出完美的拷貝，如此源源不絕，**永無止境**延續下去，那就只會有一種複製者。它不可能變得更複雜，因為就定義來看，它完全不可能改變。一旦所有能取得的材料都用光了，這過程就會倏然停止，就像當初突然開始一般，而剩下來的只有無法納入新複製體分子中的物質。這種地球生物史的平行版本看起來和實際情況很像，然而兩者卻明顯不同。真正發生的是錯誤，因此有了多樣性、有了競爭、有了複雜性，有了我們今天知曉與重視的生命的一切。演化其實是不完美的結果。它**就是**不完美。如果少了不完美，就會什麼都沒有，只有湯。

一條命或一頓飯

這數十億年來，軍備競賽依然如火如荼地進行，並在東非草原上（還有數不清的其他地方）有斑點毛皮的長腿貓科動物，以及側腹為白色的長腿反芻動物之間上演。

獵豹與瞪羚的軍備競賽很典型，因為有大量的絕對獲利，但是主角的相對位置卻沒有可察覺得到的變化。此外，牠們的地位也不平等，競爭會稍微有利於一方。簡言之，贏家通常是瞪羚。正如前文提過，獵豹嘗試打獵時，成功率通常不到一半，然而這對於掠食者來說已是高得出奇。為什麼會這樣？獵豹需要動作快，才能逮到瞪羚，而瞪羚也得速度快，才能躲掉獵豹，這樣聽起來是對稱的需求——但顯然不是。

為了理解這個過程，我們需要思考不同**大小**的選擇壓力。這種力量並不是二元的是非題；選擇壓力有不同程度的影響力。如果南極地區的豹海豹發現附近的企鵝稍微減少，而磷蝦又稍微變多一點，可以吸入臉頰裡，那演化出更多梳齒狀牙齒的選擇壓力就相當小。適應得較好的個體在生殖成功率上會較有優勢，但這優勢不是很大。不過，想像一下，假如在海豹族群爆發了會使海豹虛弱的傳染病，那些天生有免疫力的就會活下來，照常繁衍；至於沒有免疫力的，就得在復原期間放棄一年的繁衍——前提是要能康復。這種生殖成功率的差距，會呈現出血淋淋的選擇壓力，而能授予免疫力的基因很快會在海豹族群中變得極為普遍，因為缺少這種基因的親代難以再產出下一代。強大的選擇壓力會驅動快速演化。

再介紹另一個很實用的名詞——**適應度**（fitness）。這就是「適者生存」中的「適」。

在演化的脈絡中，這個字和一般口語英文中的意思不同。生物學家在談到個體的「fitness」時，說的是適應度，而不是指生理力量、攝氧量、運動速度之類的東西。生物學家說的**適應度是用來衡量個體所留下的後代數量**，僅此而已。會影響這個數量的因子非常多（可能也包括力量和速度等等），但各物種、各脈絡的相關因子都不一樣。速度對藤壺來說沒什麼意義，水母也不太需要力量。

我們在談論適應度時，可以把它視為是一種財富（以後代來計算），我們也可以談論**適應度的代價——亦即某些行為或環境導致的潛在適應度損失**。在富含磷蝦的水域中，對於不具備超細密牙齒的豹海豹來說，適應度代價可能很小；與那些上下顎過濾磷蝦能力最強的豹海豹相比，牠們的攝取量可能是前者的百分之九十七，而從整個生命期的範圍來看，這些過濾能力較差的豹海豹所產出的存活幼獸，可能比過濾能力較好者平均少零點零二隻。相對地[15]，缺乏疾病免疫力的代價若代表錯過一整個繁殖季，就可能讓這個數字高出百倍。兩種環境因子會造成兩種不同代價——代價越高，要避免付出代價的選擇壓力就會更大。

單一物種可能會因為不同因素而經歷到不同的壓力，同樣地，兩種物種的敵對競爭，也可能各有各的壓力強度，這就是獵豹與瞪羚之間發生的情況。這情況會發生，是因為這些物種的個體互動之間有不同的潛在適應度代價。如果獵豹花了幾分鐘追逐一隻瞪羚卻沒有追上，這是浪費力氣與時間；獵豹可能再休息一個多小時就能恢復力氣，繼續打獵，但每失敗一次，就是讓自己朝著飢餓邁出一小步（如果是母獵豹的話，可能導致小獵豹跟著挨餓；公獵豹就和大部分雄性哺乳類一樣，不會幫助哺育後代）。然而，重點在於獵豹有其他機會；任何追逐失敗都有實際代價，但不嚴重。事實上，即使是最厲害最兇猛的獵豹個體，也不可能從無敗績；牠們可能一而再、再而三失敗，但還是把後代撫養到獨立。

現在再從瞪羚的觀點來看看這件事。如果在任何一次追逐中「贏」不了，後果恐怕不堪設想，什麼都沒了，適應度瞬間歸零。道金斯與約翰・克雷布斯（John Krebs）在一九七九年曾寫道：「沒有任何兔子在賽跑時輸給狐狸以後，還能繼續繁衍。」這種不對稱是有意義的。天擇就像是世代之間的過濾器，優先允許具有最適合當下環境的譜系通過。過濾器越細密，那些特徵就變得越集中。瞪羚的過濾器不會允許任何一隻在賽跑時輸給獵豹的瞪羚通過（假定這隻瞪羚尚未繁衍出下一代），但是獵豹的過濾器會

15 原註：這些數字是我憑空捏造的，請別記下來。

允許大部分獵豹通過，只懲罰那些連續失敗者。結果是，具有躲避獵豹能力的瞪羚基因，比能捕捉瞪羚的獵豹基因有更強的選擇壓力。

正因如此，平均來說，瞪羚會贏得每一次競爭，其身體因為天擇而細密調整（是的，牠們比較慢，但更靈活，也培養出更好的感官，在獵豹開始追逐之前，就已察覺到其存在）。道金斯與克雷布斯為這種掠食者與獵物之間不對稱的特色取了個名稱——**「一條命一頓飯法則」**（Life-Dinner principle）。在每一次碰見時，掠食者面臨的風險是一餐有沒有著落，但是獵物卻是冒著生命危險。[16]

代價高昂的慘勝

一條命一頓飯法則，確保瞪羚更可能在軍備競賽中或多或少領先，但貿然宣布誰獲勝，就忽視了雙方亙古以來逐步升級所累積的代價。若從起始觀點來看，也就是在原始湯中的複製分子，停留在這競賽的代價高得驚人。如果以一門生意來做比喻，或許比較容易說明這一點。

想像一下，有一組創業團隊打算創辦一家販售賀卡的公司。起初，他們只製作電腦檔案，繪製賀卡封面；使用者購買這些圖像的權利，自行在家印製。這家公司的配送系統就是網際網路，不到一秒的時間就能把產品送到世界各個角落。這家新創公司的經常性費用幾乎完全僅來自於製作，非常低廉，配送可說完全免費，因此初始利潤相當龐大。但後來隨著業務增長，主管決定改由全國郵政處理。他們還是會製作相同的圖像，但現在要自行印製，並寄給顧客，然而售價保持不變。這樣利潤就下跌了。後來，他們決定用隨身碟寄送圖像。隨身碟比印好的賀卡要貴，重量也更重，因此寄出的成本會變高，但公司還是不改售價，結果利潤進一步下跌。最後，他們停用郵政和現有的配送網絡，改而興建幾萬哩長的鐵路，經營自家列車，把隨身碟送到全國各地。這開支貴得不得了，即使鐵軌興建完成，還有火車駕駛與職員的月薪要支付。然而，他們還是沒有漲價。這樣遲早會破產。

大家應該都看得出來，這種商業模式是前後顛倒的。目標成長的公司應該要產生規模經濟，隨著產出的單位增加，每個單位的生產成本久了之後就會降低。相反地，這家公司從每個單位得到的利潤卻越來越低，因為它需要更多的支出，才能產生相同

16 原註：伊索寓言說過：「兔子會跑得比狐狸快，是因為兔子要跑才能求生，但狐狸只是為了一餐而跑。」

的淨收入。然而，這就是複製者在持續建立更多複雜的生存機器，以包覆基本分子時所發生的情況。

讓我們放上一些數字（這些數字是純粹說明性質）。假如第一個複製者是個分子，含有碳原子、氧原子與氮原子各一百個，還有四百個氫原子與五十個鉀原子，而每次複製一個，都需要一模一樣的元素數量，不能多也不能少。但現在，由於幾十億年的競爭，絕大部分要用來複製的原料已拿去做成生存機器（生物體），但不是複製體。諸如阿米巴原蟲這樣的單細胞生物體，需要的原料大約是上述分子的大約五億倍，然而獲利（以產出新複製者而言）卻沒有變多，即使額外高出許多成本。就算生命始終未變得比阿米巴原蟲更複雜，相較於各譜系之間沒有競爭情況，這世界所能容納的複製者數量，只有前者的五億分之一。

這種缺乏效率的狀況挺可怕的，通常還會隨著競爭而惡化，因為就像路易斯・卡洛爾（Lewis Carroll）《愛麗絲鏡中奇遇》（*Through the Looking-Glass*）的紅皇后，[17] 互相競爭的譜系必須要越跑越快，才能保持在同一個地方。為了繼續善用這跑步的比喻，我們就把焦點拉回獵豹。獵豹個體會彼此競爭，獵捕跑得快的動物，而速度剛好最快的獵豹譜系，平均而言會留下最多的下一代。久而久之，那些最快速的個體稱霸了，而這過程持續發生，漸漸壓榨出越來越快的速度。如果我們跳進時光機，正如道金斯在《盲眼鐘錶匠》（*The Blind Watchmaker*）中談到的，大概會發現百萬年前的獵豹比現在的獵豹速度慢。雖然獵豹的平均速度加快了，個別獵豹譜系和其他當時活著的譜系相比較其實是停滯的。速度提升需要能量輸入持續增加，這樣才能製造出讓獵豹跑更快的機械（也就是肌肉化的骨骼），並持續供給燃料給這些機器。但是，獵豹沒有增加更多優勢，今天時速高達一百三十公里的獵豹，比起百萬年前時速僅有一百一十公里的祖先沒有活得更輕鬆。[18]

瞪羚也做了一樣的事情。這兩個物種互相提供了軍備競賽的動力，而物種的個體競爭啟動了這場軍備競賽。要是有個設計師負責監督，情況就會不同。這就像律師可能會建議要離婚的夫妻在庭外和解，而不是花好幾萬塊卻還是分到一樣的資產，因此善意的權威會阻止瞪羚與獵豹，要牠們別花那麼多力氣在長出更長的骨骼、更強的肌腱、更緊緻的肌肉、更大的心臟，而且雙方都不必如此，只要維持現狀所必須即可。

17 原註：參考麥特・瑞得利（Matt Ridley）的同名書籍。
18 原註：當然，這些數字純粹是說明使用。我不知道百萬年前的獵豹速度究竟是多少；我可以說的是，幾乎可確定比今天的獵豹要慢。

但由於缺乏策略性監督或目的，於是這情況沒有發生，反而對雙方來說，生存代價持續增加。

演化失樂園

任何軍備競賽都很浪費，但如果不加入，後果可能不堪設想。像獵豹與瞪羚的物種在共同演化（亦即長久以來，在對方存在時演化）時，沒有任何一方可選擇退出，但無論如何，我們仍可想像一下，如果其中一方能夠休息久一點，則重新碰頭後可能會出現的情況。這只需要看看某個生態系引進了過去沒有的掠食性物種之後，會發生什麼事即可。最明顯的例子，就是發生在關島上的生態悲劇。

關島是馬里亞納群島[19]的一座小島，大約位於日本與新幾內亞之間的中心點。關島森林茂密，尤其在北部與西部。島上曾有十八種原生種鳥類，以及七種在現代由人類引進的物種，其中四種在世上其他地方是找不到的。這局面在一九五〇年代初期完全改變。

關島在一八九八年成為美國管轄範圍，直到一九四一年日本入侵告終。兩年半之後，美國又重新奪回關島，而不久之後的某個時間點，據信有至少一艘軍隊運輸船不慎讓少量[20]的棕樹蛇（*Boiga irregularis*）下了船，來到關島，而這些蛇是在關島南邊一千五百公里的阿得米拉提群島（Admiralty Islands）上船的。這一點始終沒有得到百分之百的確認——牠們可能來自新幾內亞，一樣是透過類似的運輸模式來到關島——但無論這些蛇來自哪裡，這些偷渡客很快把這裡當成自己家。

我可是認真說「**很快**」。在一九八〇年代初的巔峰時期，關島北部光是一公頃的土地就可能有一百條蛇。說得更清楚些，這表示長寬各十公尺的一塊地，就有一條蛇。就算極度保守估計，假設平均密度為每公頃三十條蛇，這時期蛇的總數會超過一百五十萬條——但這座島嶼也才長五十公里、寬十公里。

這種闖入者所抵達的島嶼，只有另一種蛇存在——鉤盲蛇（*Ramphotyphlops braminus*，本身也是引入種）。若鉤盲蛇聽起來不夠像相當無害的動物，那就讓我告訴你：這是世上最小的蛇種，只吃未成熟的螞蟻和白蟻。因此，無論是從個別的壽命或物種的近代史來看，關島上的鳥類從來沒有遭遇過蛇掠食的經驗。因為鳥類並未受到選擇壓力，

19 原註：Marianas，這名字可能聽起來很熟悉，世界上最深的海溝就是位於此群島附近的馬里亞納海溝。
20 原註：或甚至只有一隻懷孕的母蛇（雖然這可能不那麼合理）。

不懂得把鳥巢隱藏起來並予以防禦的藝術，以上這些特徵都沒有出現，於是，棕樹蛇彷彿發現了蛇類天堂，很容易就找到鳥巢，而且鳥巢的防禦不足。隨後，森林很快陷入不祥的死寂。短短幾十年，原生種鳥類當中就有十種在野外滅絕，兩種只剩人工豢養，其他鳥類的數量在紀錄上也大幅下滑。關島闊嘴鳥（Guam flycatcher）就是其中一種滅絕的鳥類，這種別處都看不到的鳥兒已完全消失，加入渡渡鳥與大海雀的行列，進入歷史的墳場。

§

這裡除了講述實用的知識（首先，別在遙遠的島嶼上釋放廣泛適應性的掠食者），也告訴我們演化上的知識。在棕樹蛇出現時，對於樹蛇嚴重缺乏對抗能力的鳥類，確實面臨很強的選擇壓力（這種壓力可能促成快速演化），然而，壓力來得太快、太突然。選擇壓力強大時，對物種的影響遠超過選擇壓力弱的時候，但是，極強的壓力其實是面臨滅絕的預告。要能以演化來回應，是需要足夠的時間，累積一套幸運、有用的突變，並讓那些突變能夠代代相傳。關島的鳥兒可沒有這種時間。

在樹蛇原生地，類似的鳥種不會遇到這問題，因為牠們會以前文提到的軍備競賽方式和蛇共同演化。當古時候住在地面上的蛇開始試探性地往樹頂突襲時，住在那邊的鳥僅面對少量的掠食壓力，因此會有小小的選擇壓力，出現改變其習性的隨機突變。把鳥巢築在較難找到的地點，以及／或是能更積極防禦的個體，就會比什麼都沒做的個體繁衍出更多後代。等到鳥類更了解蛇以後，蛇也會面臨選擇壓力，必須要有更靈活的身體以及更大膽的手法。雙方會一前一後，以不穩定的模式共同演化。這裡的關鍵是，兩者都從零階段開始，鳥兒不知道什麼是蛇，蛇也不知道如何捕捉鳥兒。漸漸地，由於對方都在提升，自己的等級也上升，直到兩者都來到最高級——鳥兒很難找、有攻擊性、在一起築巢以彼此保護；蛇也完全樹生、有更好的偽裝，也更適應以鳥蛋為食。相反地，在關島上的鳥類還在零階段，蛇則是直接來到最高等級，鳥類根本沒有時間漸進改變——那些行為上略能抵抗蛇的鳥類個體，並未明顯比同類更能生存，因為牠們還是嚴重缺乏裝備以應付新的威脅。

關島的寂靜森林，說明了在軍備競賽中若是進度落後會造成何種代價。那些鳥類的祖先從距離最近的南太平洋族群來到島嶼時，把蛇拋在原地，也拋下躲蛇的演化壓力。狹路重逢可不妙。然而，這不是說長期的軍備競賽就不可能產生力量不平等的奇妙結果，其落差可能遠超過獵豹與瞪羚之間相對小的差異。下一章，我們會更詳細探討這種較勁。

第二章

飛進杜鵑窩裡的祕密

What Flew Out of the Cuckoo's Nest

祖魯人流傳著一則古老的故事，一方面是警告人不要貪婪，一方面也讚美一種奇特的小鳥——黑喉響蜜鴷（greater honeyguide）。故事大約是這樣：

有一天，一隻名叫恩格德的黑喉響蜜鴷，在一棵超大的無花果樹上找到一個蜂窩，於是去找人來幫忙。不久，牠找到一個名叫金吉爾的人，於是就對著這個人叫：「唧啼─唧啼─唧啼！」金吉爾知道這聲音是喚人採蜜，便跟著恩格德前進。鳥兒在樹間飛行帶路，穿過灌木叢，來到無花果樹下，終於停下來，開始在樹幹的大洞旁興奮地吱吱喳喳。雖然金吉爾沒看到半隻蜂，但他知道這裡有蜂巢，於是興奮地生火，準備一根冒煙的樹枝。他爬上樹，把這煙燻棒塞進洞內。為了躲避黑煙，蜜蜂很快從樹幹湧出，有些還螫了他，但牠們也就這樣離開蜂巢，留下金色蜂蜜，以及白白胖胖的幼蟲。金吉爾把整個蜂窩放進皮袋裡，並爬下樹，就在他步行離開時，恩格德緊追在後面呼喊道：「勝──利──者！勝──利──者！」

金吉爾轉過身，以諷刺的口吻問：「你想要分走一點蜂巢？但工作全都是我做的，我還被蜂螫呢！憑什麼要我分你一點？」

恩格德飛走了，只是，牠不打算就這樣算了。

幾個星期後，金吉爾走進叢林，聽到恩格德呼喚人去採蜜，「唧啼—唧啼—唧啼！」他舔舔嘴唇，盼能得到甜蜜美味的蜂蜜，遂再次跟著這隻在樹間飛翔的鳥，終於來到傘刺金合歡下。這一次，金吉爾並沒有看到蜜蜂，但他還是信賴響蜜鴷，於是開始準備燒煙燻棒，把蜜蜂趕出來。他握著這根棍子，爬到樹枝間，環顧四周，尋找蜂巢，卻看不到任何跡象。就在他繞著樹幹時，竟忽然與豹子面對面。這隻本來在睡覺的豹子很不高興被吵醒，作勢朝著金吉爾攻擊，金吉爾差一點點就被撲倒。金吉爾扔了棍子，火速爬下這棵樹，過程中還撞到頭。他死命奔跑，不慎絆到樹根，扭傷腳踝，然而豹子睡意太濃，懶得追出去，金吉爾才逃過一劫。

金吉爾一拐一拐離去，但從來沒有忘懷。

這天之後，每當部落裡有人跟著恩格德或同樣的鳥類帶領，尋找蜂巢之時，都一定會把蜂巢最好的部分留下來，當作給響蜜鴷的謝禮。

這篇〈響蜜鴷的復仇〉（The Honeyguide's Revenge）顯然是虛構之作，但是基本假設卻不偏不倚，根植在現實生活中。響蜜鴷科是小而不起眼的鳥類，其中兩種確實和人類發展出非凡的互惠共存關係。黑喉響蜜鴷是最廣為人知，也得到最多研究的一種，而其學名 *Indicator indicator*[21] 是將牠最知名的習慣反覆說兩遍而構成的。響蜜鴷主要是吃蜂巢的內容物，包括卵、幼蟲、蛹，甚至蜂蠟。牠們通常可以直搗蜂窩，但也知道若有更大型的動物先行破壞蜂巢，牠們就可以輕鬆一點。為此，響蜜鴷若在找到蜂巢時，發現附近有人類，就會發出叫聲，引起人類注意，[22] 並帶人類前往。雙方都能在這安排中獲利：人類被帶到蜜源，鳥也能輕鬆取得剩下的蜂巢。

如果本書談的是演化的神奇，那麼這段插曲應該到此結束，或許會再稍微探索一下人類與響蜜鴷的合作史，例如近年的研究證實，莫三比克的響蜜鴷會回應人類發出的特定「波兒姆」（brrrr-hm）聲音。[23] 但由於本書談的是演化中較令人疑惑的產物，因此我們要來談談響蜜鴷的育種行為。在這脈絡下，我們會發現這種幫助人類的小鳥顯然沒那麼講究權利平等。雌鳥一年最多可以生下二十顆蛋，如果這餵養的數量聽起來有點多，那也別擔心，因為牠不打算餵養。牠會一次一個，把蛋全都下在其他鳥類的鳥巢中。

這行為稱為「**巢寄生**」（brood parasitism），響蜜鴷也不是唯一採用這種做法的鳥，其他許多罪犯都是眾所熟悉的，尤其是杜鵑鳥與牛鸝；除此之外，維達雀（whydah）靛藍維達雀（indigobird）、寄生織布鳥（cuckoo-finch）與黑頭鴨（black-headed duck）都名列其中。這些都是**專性**（obligate）巢寄生鳥，意思是即使找不到其他鳥類上鉤，幫牠們代勞，牠們也不會看顧自己的小鳥。其他幾種鳥則偏向偶爾發揮這種習性，選擇與自己同種的其他成員當作宿主。也不只有鳥會幹這種事；以昆蟲為例，杜鵑熊蜂（cuckoo bumblebee）與青蜂（cuckoo wasp，又稱杜鵑蜂）也是如此；還有幾種巢寄生魚，包括一種不出意料被稱為杜鵑鯰魚[24]的魚，會利用某種慈鯛，讓慈鯛把鯰魚幼魚放在口中照料。後者稱為「口孵慈鯛」，在卵受精之後就會把卵含進口中，顯然牠們也不會注意到其中隱藏著鯰魚卵。當鯰魚孵化時，會安安穩穩躲在養母口中，為了表達感謝，就把

21 譯註：Indicator 的字面意思是「指示者」。
22 原註：許多人說，響蜜鴷也會以這種方式和蜜獾與狒狒合作，但是還缺少可信賴的說法。
23 原註：坦尚尼亞的哈扎人（Hadza）也會發出特定的叫聲，呼喚響蜜鴷，而他們的聲音比較像是有旋律的哨音。
24 譯註：cuckoo catfish，中文名稱為密點歧鬚鮠。

周圍的卵吃掉。

姑且不談這些比較可怕的細節，巢寄生提供機會，讓我們檢視某種天擇的真相：別以為物種的所有問題都能靠天擇來解決。的確，即使是某些看似簡單的任務，都很不容易達成，其中一種就是某些杜鵑鳥的宿主是否能夠辨識出鳥巢中過大的雛鳥並非自己的骨肉。就連一對已飼育一窩正常雛鳥的成鳥——因此應該知道雛鳥模樣——似乎也被欺騙。我們很難說這種容易受騙的情況究竟該歸咎於誰，但應該要明白，其解釋是源自演化生物學的某些基本法則。

盲目的愛

正如較為顯而易見的寄生型態（下一章會詳述），杜鵑鳥會從宿主身上取得某些東西——具體而言是飼育後代的力氣——卻不給予任何回報。從宿主的角度來看，這樣的安排比乍看之下還糟，因為宿主失去的不僅是給予杜鵑鳥的資源（一整季的食物，以及收集這些食物所耗費的努力），還錯失養育自己後代的機會，這對於壽命不長、一生只有幾個繁殖季的鳥類來說更是重大損失。這麼明顯的適應度成本昭然若揭，我們可以確定，宿主會面臨強大的選擇壓力，得辨識出杜鵑鳥的幼雛，停止餵養就對了，但通常來說，牠們無論如何還是會繼續養別人家的小孩，彷彿中了邪。為什麼？

如果考量到一般變成杜鵑受害者的鳥類，**確實能**辨認出杜鵑**成鳥**是不受歡迎的侵略者，那麼上述問題就更顯得神祕難解；牠們會吵吵鬧鬧，滋擾所發現的杜鵑鳥，通常還會發動實體攻勢。一九四〇年代，一位匈牙利生物學家甚至目睹一群格外好鬥的小鳥，把一隻雌杜鵑鳥逼入水中溺斃。在二〇二〇年，一群捷克生物學家也在影片上捕捉到相同行為（這一次是一對大葦鶯〔great reed warbler〕幹的好事）。然而，宿主在對待罪犯的後代時，卻鮮少會有對成鳥的那般蔑視。這就像是竊賊在打量你家時，你大聲叫囂警告，但十分鐘之後當他闖入你家，把你的東西打包塞進袋子裡之後，你又幫他泡杯茶。

其中一種可能是，事實上這些鳥兒不知道成年杜鵑鳥是什麼，因此牠們的反應就像搞錯身分。在現代科學鳥類學出現之前，歐洲人廣泛認為，杜鵑鳥在秋天會變成鷹；兩種鳥看起來很像，似乎也沒有其他解釋能說明為何杜鵑鳥在整個夏天會半途消失。[25]

25 原註：如今我們知道，杜鵑鳥曾遷移到非洲——算是比其他候鳥都早，因為牠們沒有養育後代的責任。

大杜鵑的外表的確與北雀鷹（Eurasian sparrowhawk）相似，而北雀鷹幾乎只獵食小型的鳥類，這些成為獵物的小型鳥，大小又和杜鵑鳥鎖定的巢寄生鳥類差不多。尤其是杜鵑鳥和北雀鷹都有相同的胸部條紋、身體上半部都是灰色，還有長長的尾巴。

至少對某些鳥類來說，似乎符合這種誤解。劍橋大學的尼克・戴維斯（Nick Davies）與賈斯汀・魏柏根（Justin Welbergen）觀察藍山雀（blue tit）與歐亞大山雀（great tit），對於餵食器附近的北雀鷹與大杜鵑填充模型有何反應，以判斷山雀對北雀鷹與大杜鵑是否有不同行為。但是沒有，無論是北雀鷹或大杜鵑，都可能驚嚇到較小的鳥，讓牠們不敢靠近餵食器（研究人員也納入了灰斑鳩〔collared dove〕模型，當成是「對照組」）；[26]山雀看起來就沒有警戒，這說明是北雀鷹與大杜鵑填充模型的特定外觀導致山雀提高警覺，而不是模型**本身**所造成）。

然而，藍山雀與歐亞大山雀並不是經常遭到杜鵑鳥寄生的鳥類，因此生物學家在想，較常被寄生的物種是否較善於辨識這兩種鳥。為了找出答案，他們做了一系列類似的實驗，這些實驗是以葦鶯為對象，是最常被大杜鵑鎖定的三種鳥類之一。[27]結果非常不同，葦鶯確實能分辨出杜鵑鳥和鷹。從對於杜鵑鳥（而不是鷹）發出持續、較久的警告聲，可看出葦鶯理解到這兩種鳥的不同，而可能因為杜鵑鳥所造成的實體危險不那麼大，因此在接近杜鵑鳥時能夠不用太小心翼翼。

這現象很值得留意。葦鶯知道杜鵑鳥是壞蛋，[28]且看起來並**沒有**把杜鵑誤認為鷹。然而進一步的研究卻或多或少讓情況更難解。魏柏根與戴維斯的下一個研究，是以人工操作他們所使用的填充模型，探究究竟是模型的什麼特徵引發回應。這一回，他們把填充杜鵑有條紋的胸部以白絲布遮起，比較葦鶯對這種模型與對沒遮胸部的杜鵑鳥模型反應。[29]葦鶯在圍攻（mobbing，也稱為群體滋擾）沒有條紋、較不像鷹的杜鵑鳥時，會比面對有條紋的杜鵑鳥模型大膽。

將這些結果整合起來，究竟能看出什麼意義？有兩個整體的結論：首先，常見的宿主一定有選擇壓力要辨識出杜鵑鳥。如果分辨得出來，進而圍攻看見的杜鵑鳥，這樣杜鵑鳥就會覺得要下蛋比較難。第二，杜鵑鳥也會以反向的選擇壓力來因應，避免

26 原註：更廣泛來說，對照組就是一個平行測試，當成是一種基準，可以和所關注的因素相比較。這是科學實驗中比較重要的特徵。

27 原註：另外兩種是草地鷚（meadow pipit）與林岩鷚（dunnock）。

28 原註：或許不是像我們人類一樣那麼有意識，比方說會知道鱷魚是來者不善。

29 原註：其實他們是把兩種模型都以白色的絲布蓋起來，並在其中一種上面畫條紋。這麼一來，研究者即可確定，若出現任何不同反應，就是因為條紋，而非材質。實驗科學的第一項法則是：一次只改變一個項目。

遭到騷擾，而且牠們的回應就是模仿鷹；**所有**小型鳥都得承受辨識出鷹的選擇壓力，於是杜鵑鳥巧妙地利用了這點。這場「欺騙」對上「辨識」的軍備競賽，宿主（例如葦鶯）確實似乎天生就知道鷹與杜鵑鳥不同，卻陷入兩種相反的直覺；牠們想要圍剿看起來像是杜鵑鳥的鳥，但有條紋的胸部卻又是「鷹性」的有力象徵，會讓牠們不得不克制狠勁。而這種內在衝突，體現在牠們會把最有力的反應留給一個其實並不存在於野外的實體——沒有條紋的杜鵑鳥。

在這場演化競爭中，杜鵑鳥顯然攻占了一些領土——靠著仿鷹招數來澆灌剛好夠多的恐懼以接近鳥巢，避免每次被宿主看到時遭到襲擊。但光是這樣似乎仍然不夠。畢竟宿主清楚知道杜鵑是什麼，因此就算杜鵑有時能在宿主的鳥巢裡下蛋，宿主也可以拒孵這個蛋，這很合理。然而，情況卻未依循合理原則而發展。這場辨識和欺騙的對決，只是三回合比賽中的第一回合；接下來則是**完全獨立**的衝突，牽涉到**接受或拒絕杜鵑鳥蛋**；最後又有另一波同樣獨立的衝突：**接受或拒絕杜鵑雛鳥**。

你或許想問：為什麼這些衝突是彼此分離的？為什麼我們不該假設，宿主個體可以把牠們直覺上厭惡、身形像杜鵑、類似鷹的鳥，以及偶爾出現在巢中，看起來陌生的蛋，還有後來出現外觀怪異的雛鳥等一個個現象串連起來？答案很簡單：這是在野外觀察到的宿主行為告訴我們的。同樣的個體通常會對這三種對象的反應有很大的差異，因此說明了牠們尚未把這幾點現象連接起來。我們稍後會談到那些不同反應，但首先要說清楚的是，這種對於杜鵑威脅的「離散化」（discretisation），正是我們**該料到**的事。回想一下，天擇就像是個過濾器，保留「有用」的特徵與行為，並把其他的拋棄。如果宿主在杜鵑出現時變得吵鬧與好戰能有助於擁有更多下一代，那麼對杜鵑鳥叫囂就會變得有利。那些個體的心智不必統整出一套「杜鵑寄生理論」；牠們光是執行這個動作就能得到好處，無論牠們是否理解這樣**為何**有用。同樣地，辨識出鳥巢中的杜鵑鳥蛋並予以拒絕，是具有繁衍優勢的，而辨識與拒絕杜鵑雛鳥也有另一項優勢。不過，這兩項是截然不同的行為，是為了截然不同的過程而選擇；能對杜鵑鳥叫囂的，會比害怕杜鵑鳥的有優勢，而拒絕鳥蛋的會比接受鳥蛋的有優勢，拒絕雛鳥的會比接受雛鳥的有優勢。[30]雖然宿主個體確實可能這三種反應全都承襲了，但沒有額外的選擇壓力，讓宿主思索這些行為之間有任何關聯。因此行為就這樣零散傳遞下去，而不是整套傳承。

30 原註：**真的**是這樣嗎？讓我們繼續讀下去……

杜鵑成鳥、杜鵑蛋與杜鵑雛鳥的辨識過程是分開的，會有不同的成本與利益。舉例來說，辨識杜鵑成鳥以及接著的叫囂，對於個別宿主來說是有用的，但如果能把杜鵑趕跑，就剛好還能幫助到在附近築巢的其他宿主。因此，就算有個宿主產生基因變異，獲得辨識出杜鵑鳥的能力，也未必能比缺乏這種變異的鄰居享有更大的生殖成功率。如果擁有「辨識基因」以及沒有此基因的個體之間，生殖成功率沒有多大差異，則這項性狀所對應的選擇壓力就會相當弱。不僅如此，光是圍剿出現在視線中的杜鵑也未必保證會得到優勢，理由有二：第一，杜鵑總是可以稍後再來；演化利益未必能完整累積，除非杜鵑**再也無法**在圍剿者的巢裡下蛋。第二，杜鵑鳥未必能察覺到宿主的存在，直到宿主開始發出聲音。這下子杜鵑知道鳥巢在哪了，可以靜靜觀察一段時間。這麼一來，圍攻行為就會成為缺失，而不是優勢。圍攻杜鵑的行為究竟是好是壞，或許得看脈絡；有時可能有用，有時適得其反。

辨識杜鵑成鳥的選擇壓力是弱的（甚至是負的），我們可以把它與辨識外來鳥蛋相對照。能偵測並拒絕杜鵑蛋的宿主，可得到立即且具體的優勢，但沒有這種能力的宿主就不行。和圍剿行為不同，辨識外來鳥蛋的利益無法共享；提高生殖成功率的好處完全導向有分辨能力的個體。辨識出杜鵑鳥蛋也幾乎沒有明顯的成本，和辨識（與圍攻）杜鵑成鳥不同。換言之，這顯然是更能直接帶來好處的特徵。

不出所料，杜鵑的宿主識別蛋的能力是很強的選擇壓力，我們可觀察杜鵑鳥相對應（與相反）的壓力影響，從而觀察這一點：杜鵑在每個宿主的巢所產下的蛋，會和宿主的蛋很像，這成就只可能是靠著長期持續的天擇來達成。顯然，對宿主來說，能辨識蛋帶來了極大好處，否則對杜鵑鳥來說，模仿宿主的蛋並沒有益處——後者並不是簡單的技巧，尤其許多宿主的回應是發展出更複雜的蛋殼圖案，要造假越來越難。[31]然而對杜鵑鳥來說，承受的壓力會更大。如果宿主無法辨識出杜鵑蛋，運氣又不好，遭逢寄生，就會在那次繁殖季失去養育後代的機會，雖然這樣必須付出代價，但不至於變成災難——通常那 年還有時間再試一次。但相對地，如果杜鵑鳥無法有效偽裝自己的蛋，導致宿主總能辨識與拒絕孵育，這樣杜鵑就不會有任何後代，如此一來，代價就絕對是由寄生者這邊付出。結果是很不平等的軍備競賽，杜鵑通常會領先。

31 原註：這得視宿主物種而定；葦鶯的蛋殼有複雜的圖樣，代表著和杜鵑鳥有漫長的共同演化。然而，林岩鷚的蛋卻很素樸，一般認為是因為林岩鷚和杜鵑鳥互動處於早期階段。

辨識的代價

目前為止，一切清楚明瞭。宿主經常接收杜鵑鳥蛋，因為杜鵑經過天擇的細微調整，因此杜鵑蛋和宿主的蛋很像，這應該不令人驚訝。但是說到杜鵑雛鳥時，情況又出乎意料地大不相同。任何看過照片證據的讀者都能證明，杜鵑雛鳥絕不會被誤認為是宿主的雛鳥。等到杜鵑雛鳥兩週大時，已大約六十五公克，約是葦鶯成鳥的五倍重，而且還在持續長大。杜鵑雛鳥超大隻，宿主成鳥還得站在外來者後代的肩上，距離才足以近到能把食物塞進幼雛口中。杜鵑幼雛不只比宿主的後代要大許多，且待羽毛長出時也是截然不同的翎羽。然而，雖然在模仿宿主雛鳥時出現了這麼厚臉皮的錯誤，杜鵑仍總是得逞。這些不知情的養父母本身就曾圍攻杜鵑鳥，也拒絕孵育杜鵑鳥蛋，怎麼可能還會發生這種情況？

其中一種可能的解釋，是由以色列生物學家亞農．洛騰（Arnon Lotem）提出，主要論點在於一種研究有成的過程——「**銘印**」（imprinting）。許多動物的幼崽（尤其是需要向親代學習一段時間，才能達到獨立階段的動物）會在早期發展中經歷一段關鍵時期，這時期會與最常遇見的任何移動物建立起強烈的終生連結。這過程確保動物知道該向誰取得食物，[32]也知道在成熟之後應該與哪種動物交配（答案是：有點像，又不合**太像**的對象）。[33]銘印也可以反向而行，即親代以後代為對象，這樣動物會對第一個後代形成銘印，建立起必須持續餵養與照料後代的連結。這是必然的結果，才可能拒絕任何不符合相同整體模式的後代。

的確，宿主幾乎可說是利用銘印這項機制，來辨識自己的蛋與杜鵑蛋的差異（也促使杜鵑模仿宿主）；因此我們應該假定，牠們會對從蛋裡**孵出來**的東西做出相同的事情。然而結果顯示，這是很糟糕的策略。想像一下初次成為父母的葦鶯，牠孵出了雛鳥，以雛鳥為對象形成銘印。如果在後來的孵育嘗試中，一隻杜鵑在巢裡下了蛋，那麼葦鶯就會對這顆蛋所孵出的杜鵑幼雛予以排擠，原因是看起來不夠像葦鶯幼雛。這一切似乎很理想——銘印會讓這隻鳥避免犯下代價昂貴的錯誤。但是，如果**第一個**

32 原註：在一般情況下，這就是動物的父母，但未必如此；其他東西幾乎也都可能產生關聯。好萊塢電影《返家十萬里》（Fly Away Home）是把比爾．利希曼（Bill Lishman）的故事戲劇化，他是個輕型飛機先驅，也熱愛野生動物，曾訓練加拿大野雁跟著他的超輕型飛機，這樣就能引導牠們踏上安全的遷徙路線。這個訓練的一開始，就是親自飼養野雁，這樣牠們就會對人類產生銘印作用。

33 原註：因此銘印是避免亂倫的基礎；一起長大的手足不會覺得彼此有性吸引力（但如果分開養育，經常就會如此）。

鳥巢就遇上了寄生者呢？杜鵑雛鳥會在其他蛋孵化之前就先行孵化，並系統性地逐出其他小鳥，比如大杜鵑就向來如此。因此，唯一孵化出來的雛鳥就會是杜鵑，而親代也會受到這樣的銘印影響。所以，無論是否遭受寄生，每一次孵育都會失敗，因為這隻鳥要不就是很滿足地養育另一隻杜鵑，要不就是排擠自己的後代。事實上，宿主若是偶爾不慎養大杜鵑，還算是比較幸運的懲罰，因為演化出後代銘印反應，可能破壞終身生殖成功率。雖然違反直覺，但「為什麼杜鵑的宿主不會拒絕鳥巢中過大的怪物？」這個問題答案是：「因為這樣做不符合長期利益。」

照護圈外的世界

不過，洛騰的理論並未真正解釋一切。它回答了為何杜鵑宿主不使用銘印來辨識後代的問題，但沒有回答為何不認識自己的後代，就這樣。難道沒有其他方法可用嗎？

或許有喔。舉例來說，藍腳鰹鳥[34]有截然不同的一套規則。牠們沒有遵守「在巢裡**最先**發現什麼就餵養什麼」的規則，而是遵守「在鳥巢**範圍內**有什麼就餵養什麼」的規則，但這雛鳥辨識系統並不比葦鶯之類的鳥類更高明。規則的差異也會偶爾造成悲劇性的結果，如果藍腳鰹鳥的雛鳥不慎晃出（或被撞出）鳥巢的範圍（以這種物種來說，所謂的鳥巢就只是雌鳥刻意在平地上噴出的鳥糞圈），輕則遭到親代忽視，嚴重的話會遭受牠們攻擊。這種情況已頻繁到一定程度，經常有人觀察到鰹鳥宰了自家雛鳥，只因為雛鳥犯了離開**照護圈**的錯誤。

這種策略也無法對抗杜鵑，因為杜鵑只要把蛋下在正確的地方，確保自己的幼雛被接受就行。但還有另一種方式，個子較小且顏色鮮豔的壯麗細尾鷯鶯（superb fairy-wren）就是使用這種方式。壯麗細尾鷯鶯分布於澳洲東部，受到至少兩種杜鵑鳥寄生，包括霍氏金鵑（Horsfield's bronze-cuckoo，寄生於細尾鷯鶯的特化種），以及金鵑（shining bronze-cuckoo，只偶爾把細尾鷯鶯當目標）。在一連串一絲不苟的實驗中，澳洲國立大學（Australian National University）生物學家娜歐蜜．藍莫（Naomi Langmore）與其同僚，能說明雌細尾鷯鶯至少能有限度地辨識出金鵑屬雛鳥；牠們經常會遺棄有金鵑幼雛的鳥巢，但比較少遺棄有霍氏金鵑幼雛的鳥巢。

牠們是怎麼做到的？當然不是透過自家雛鳥的銘印作用。研究人員說明，曾接受杜

34　原註：blue-footed booby，和塘鵝有近親關係的大型海鳥。

鵑雛鳥至少一次的雌細尾鷯鶯，並**不會**在後來的育種行為中遺棄自己的後代。如果牠們採用銘印作用，則每隻雌鳥只會接受一種雛鳥（也就是先出現的那種）。牠們的其中一道防線，似乎是數學。雌細尾鷯鶯更可能遺棄只有單一一隻幼雛的鳥巢——**任何**鳥種，只要是一隻都可能遺棄——有好幾隻幼雛的鳥巢就比較不會遺棄。聽起來有點道理，壯麗細尾鷯鶯通常每次會孵育數隻幼雛，若巢裡只有一隻，則很可能就是一隻杜鵑，因為杜鵑會把同巢的其他室友踢走。[35] 牠們偶爾會犯錯，遺棄自家雛鳥，但細尾鷯鶯損失的就是一隻雛鳥及少少的時間，這表示選擇壓力平衡（遺棄杜鵑的壓力，對上不要遺棄自家雛鳥的壓力）的結果偏向於快速清點數量，並放棄單一生存者。

不過，整體情況不只如此。就連單一雛鳥的鳥巢，遭遇遺棄的可能性也有階級之分。大約有百分之二十的獨生細尾鷯鶯會被拒絕，相較之下，霍氏金鵑是百分之四十，而金鵑幾乎是百分之百。換言之，細尾鷯鶯至少有某種程度的先天能力可以分辨這些雛鳥。然而，牠們似乎不是靠視覺做這件事；兩種金鵑的幼鳥都比細尾鷯鶯要大，如果細尾鷯鶯仔細看的話，似乎根本就不可能失誤。不僅如此，金鵑雛鳥的顏色其實比霍氏金鵑更像細尾鷯鶯，但較常被接受的卻是霍氏金鵑。聲音或許是關鍵。藍莫等人進行的超音波分析顯示，霍氏金鵑的幼雛（而不是金鵑）會模仿細尾鷯鶯幼雛的聲音，因此解釋了為何被接受的機率較高。

這是有說服力的結果，但就像許多演化生物學界的結論，它又引發進一步問題！為什麼葦鶯、林岩鷚、草地鷚與其他常見的大杜鵑宿主，沒有像壯麗細尾鷯鶯那樣，也演化出非銘記作用的辨識機制？這問題不容易明確回答，卻有許多可能的解釋。首先務必記住，演化並不是回應需求而產生適應性，相反地，天擇只嘉惠剛好發生的有用變異。需求的急迫性會決定採用變異的速度，以及長期下來在族群間的擴散速度，但這**不會**影響適當突變是否出現的前提——變異純粹是機率。因此，有一項解釋是前面提到的物種只不過還在等待正確的遺傳變異，這項變異會促成先天就有更好的子代辨識能力。

不過，這是差強人意的解答，幸好我們也不需要就此當作定論。更重要的是，辨識蛋比辨識後代更有價值。從適應性成本來思考的話，這兩個行動會省下什麼就很明顯。若葦鶯看見外來鳥蛋的那一天就拒絕孵育，則能擁有幾乎正常的繁衍週期。雌杜鵑在下蛋時，有時會移除其他的鳥蛋，但不可思議的是，這份任務通常是留給剛孵出

35 原註：並非所有的杜鵑都會這樣，但是金鵑會如此，大杜鵑也會。無疑地，專找細尾鷯鶯的特化金鵑承受著停止這種行為的選擇壓力，因為這樣等於是某種程度的洩漏祕密。幾千年後，我們就會知道答案了……

來的杜鵑負責；認出杜鵑鳥蛋的宿主，只需要把它移除就好，不必負擔代價。這麼一來，成功孵育某數量的雛鳥機率，和從來沒有被寄生的鳥差不多。換言之，辨識蛋的「價值」，相當於一次完整的繁衍力氣。相對之下，如果等到杜鵑孵出來並推掉葦鶯蛋，且葦鶯在餵養這隻杜鵑雛鳥一個星期才明白被騙，這時再辨識出闖入者，只能省下一、兩個星期的哺育力氣，大部分哺育週期的努力都浪費了（這就是經濟學家所稱的「沉沒成本」）。能夠節省那幾個星期依然有用，其中一項好處，是可能再嘗試另一次孵育，只不過沒有辨識蛋那麼有價值。換言之，辨識杜鵑幼雛的選擇壓力比辨識杜鵑鳥蛋的壓力要弱，這可以解釋為何葦鶯這些鳥類能辨識看似外來的鳥蛋，[36]卻沒演化出更好的幼雛辨識能力。

然而，還有更好的理由說明為什麼演化出先天的雛鳥辨識系統或許並不有利。想像一下，葦鶯的雛鳥是毛絨絨的藍色，會張開內部淺粉色的鳥口（gape），並假設成鳥依循著一條規則：「只接受有粉紅色口部的藍色雛鳥」。如果杜鵑的雛鳥**不是**藍色，沒有粉紅口部，那麼葦鶯就會拒絕餵食——但等到杜鵑鳥演化出新的藍色雛鳥與粉紅口部的適應行為，葦鶯拒絕餵食的情況又停止。現在，葦鶯又回到起點，為了要採取演化回應，必須要一次改變兩件事：需要有不同顏色的雛鳥，**也**需要改變接受雛鳥規則，以搭配那新顏色。這兩件事無法一次只完成一件——必須要同時發生，否則親代會拒絕自己的雛鳥，因為這些雛鳥並未符合這項規則。當然，任何個體剛好處於天時地利，同時出現這兩種必要變異的可能性非常低，幾乎可說是零。

我們在前文已提過，為什麼銘印用在辨識幼鳥時會是糟糕的策略，但現在我們可以看出，先天的辨識能力可能更糟。宿主演化出對於雛鳥看起來如何的強烈直觀感受，就會極度善於拒絕杜鵑幼雛，以至於杜鵑鳥再演化出更佳的幼雛模仿能力。這時，杜鵑幼雛又會被餵食。要注意的是，對於鳥蛋辨識來說，銘印是適合的（因為宿主總是會先看到自己的蛋），而先天的辨識能力缺乏彈性，代表銘印永遠會是優先的機制。的確，擁有像是「與鳥巢中所見到的第一個蛋建立起連結」的規則，有助於自然流暢地安置進一步演化變動，因為有銘印現象的宿主會自由演化出對抗模仿的適應行為，持續改變蛋的顏色，永遠不必承擔「生出不符合自己認知中的蛋」的風險。軍備競賽的動態表示，宿主或許無法在競爭中明顯占上風，但也不會落後到無法挽回。

記住這些之後，我們應該回到壯麗細尾鷯鶯，重新評估其雛鳥辨識技巧。由於細

36 原註：提醒一下：在共同演化的軍備競賽之下，杜鵑鳥蛋看起來**不再**像是外來的蛋。

尾鶲鶯即使已接受了杜鵑雛鳥，也還是會接受自家雛鳥，因此我們知道，牠們必然使用一種先天習得的標準檢查表，而不是依照銘印作用來檢查是否接受雛鳥（主要是依據聲音，而不是外觀）。正如我們所見，這樣的策略並不算理想（很容易出現反適應），如此一來，與其問為什麼大杜鵑的宿主無法辨識貪得無饜的養子是冒牌貨，我們或許應該詢問：為什麼壯麗細尾鶲鶯**能**認得出來？

同樣地，確實有幾種可能的解釋。最明顯的答案是，細尾鶲鶯沒有辨識蛋的能力。細尾鶲鶯會打造出有圓頂的鳥巢，內部通常相當昏暗，在這種光線下，所有的蛋可能看起來都差不多。[37]確實，藍莫的報告指出，細尾鶲鶯極少靠著外觀來拒絕外來的鳥蛋。[38]理想上而言，拒絕鳥蛋會是擋下杜鵑鳥的第一道防線，因為這策略能省下最大的適應性成本，但細尾鶲鶯在這部分卻居於劣勢。簡言之，天生的雛鳥辨識能力可能是細尾鶲鶯的首選，而且這是因為牠們沒有更好的選擇。天擇只能在現有的解決方案中選擇，而對細尾鶲鶯來說，解決之道的選擇並不多。就像鱘科的射出頜，乍看之下彷彿是演化的壯舉，實際上只不過是平凡的折衷之道。

§

評估杜鵑與宿主之間的互動時，我們可以學到一些整體的知識。軍備競賽的動態的確在這裡上演，但我們已在掠食者與獵物的脈絡中看到其影響；同樣地，選擇壓力不均的觀念，現在讀者應該很熟悉了。這裡的新元素是說明演化的限制。天擇做到了許多奇蹟，但無法解決物種的所有難題。對杜鵑鳥的宿主來說，要解決杜鵑幼雛的問題，似乎沒有好辦法，選項就只有兩個：銘印，但宿主初次看到的幼雛若是杜鵑的話，就會導致排斥自己的後代；而另一個選項就是先天辨識能力，而這能力如果精確到足以發揮效用，可能讓宿主無法因應杜鵑的幼雛模仿能力。

杜鵑與宿主的關係在另一方面也能帶來啟發。在自然界，寄生的例子不勝枚舉，

37 原註：要在這種條件下辨識雛鳥，或許首要條件是雛鳥坐起來時要比蛋高，不那麼容易被昏暗的光線模糊；第二，牠們會發出獨特的叫聲（或許不必多說，蛋是不會發出聲音的）。

38 原註：牠們確實有時候會拒絕外來的蛋，但或許只能在逮到杜鵑成鳥正在下蛋時，才能拒絕。這方面來看，葦鶯確實能把近距離出現的杜鵑鳥與巢中的外來蛋連結起來。

這只是其中一種，但是就宿主與寄生者的權力平衡而言，卻是很典型的一種，因為往往都是寄生者占上風。下一章會進一步探討這個觀念。

第三章

搭便車的不速之客

Freeloaders

「每個受到寄生的動植物，
都代表了適應失敗。」
——傑里・科因（Jerry A. Coyne），
《為什麼要相信達爾文》（*Why Evolution is True*）

有隻小黑猩猩稍微遠離了自己的族群。牠還能勉強聽見大家的動靜——不過，這是非洲西部的森林，光是距離一百公尺就已遠得足以令牠脫離族群的視線。牠爬上樹，爬到一半，看見一個似乎很有趣的樹洞，不久便偵測到豹的尿臭味。黑猩猩本能地認得這氣味——那表示應該迴避，如果避不掉，那就應該大聲發布訊號，這樣便可以驅趕豹子，但前提是大家要齊心協力。這小傢伙繼續爬，沒發出聲音，也沒表現出恐懼，就只是好奇。正當牠頭一抬，平視這個洞時，裡頭發出了嘶嘶聲與咆哮聲；一隻母豹把小獸留在這裡，自己則去打獵。黑猩猩很開心，牠把頭往旁邊一斜，考慮把手探進洞裡，隨後就開始這樣做，但又很快收回來，因為小獸猛力打牠。牠沒注意到母豹在靠近，直到母豹張開嘴，咬住牠脖子。

這隻黑猩猩的行為，是受到強大的選擇壓力而塑造，有實實在在的益處，而從演化的觀點來看，也是新事物。在很久很久以前，沒有黑猩猩會這樣做——只要一認出這氣味，就會明白危機出現，然後吶喊求助。但是時間過得夠久，這種行為於是浮現，並獲得天擇的嘉惠。現在，有些黑猩猩似乎失去恐懼的感受，而這致命的好奇心是演化的產物。這顯然對某種生物有利。

但那生物不是黑猩猩。

§

確實不是，而是一種被稱為弓蟲（*Toxoplasma gondii*）的原蟲。原蟲是單細胞生物體，[39]而弓蟲非常非常普遍，也是一種寄生蟲，其所導致的疾病稱為弓形蟲感染症

39 原註：更精準地說，「原蟲」已是個過時卻方便的用語，是描述單細胞真核生物（也就是細胞核包覆在細胞膜內的生物體），不會自己製造食物（例如透過光合作用），既不是動植物，也不是真菌類。這個詞之所以過時，是因為它並未真正反映演化關係；它將更為接近不屬於這個族群的物種，而非這族群裡的其他成員，都包含在內。這情況有點像「樹」，樹族群包括橡樹、松樹，但不包含玫瑰，即使橡樹和玫瑰的親緣關係比松樹密切得多。當然，「樹」雖然有這項人為因素，依然是很有用的分類。

（toxoplasmosis，簡稱弓蟲症），且廣為人知，養貓的孕婦尤其可能耳熟能詳；很可能有人警告她們，懷孕期間不要清理貓砂，以免接觸感染。弓蟲鮮少危害成年人，但對胎兒來說卻很危險。弓蟲對成年人造成的有害影響很少，很難辨識出來，因為許多症狀和其他常見的感染會有重疊之處，例如感冒與流感病毒，但通常幾個月之後就自行消失。根據估計，其盛行率在人類族群裡各有不同，但合理推測，如果你目前是處於超過三個人的家庭裡，那麼你們其中一人就有弓蟲病。雖然弓蟲顯然很樂意感染人類（以及大量其他動物），但還是得完全仰賴貓。

對弓蟲這種寄生蟲生命週期的最後階段來說，貓是不可或缺的。弓蟲若是少了亞麻油酸，就無法進行有性生殖，而弓蟲不會自己製造亞麻油酸；在大部分動物細胞裡，亞麻油酸也很少見——貓的奇特之處，就在於缺乏能夠分解亞麻油酸的酵素。這種寄生蟲會躲在貓的腸道細胞，利用無法分解的亞麻油酸進行有性生殖，在產卵之後，腸道細胞很快就會破裂，於是這些卵囊會隨著貓的糞便排出。

貓是因為吃其他動物時感染到弓蟲——以家貓的情況來說，通常就是老鼠——弓蟲在那些動物的組織內形成了有保護作用的囊體。那些動物之所以會感染，是因為吃了被貓糞污染的蔬菜，因此循環就這樣保持運作。

這固然是很俐落的安排，不過弓蟲可不是只寄望貓吃下感染弓蟲的老鼠就滿足了，畢竟老鼠有個麻煩的習慣：會避免被吃掉。於是弓蟲做牌給貓，讓貓處於有利地位。老鼠感染弓蟲之後，行為不像其他老鼠，不再那麼怕貓，也不太會躲，不那麼可能逃跑，也不介意貓尿味。簡言之，老鼠讓自己被吃掉。

同樣的情況似乎也發生在黑猩猩身上，但是關於這現象的研究少了許多。本章開頭的小插曲，聽起來有點異想天開，但接下來要說的，可是一項針對在加彭共和國非野生的黑猩猩所進行的研究，研究者是法國蒙佩利爾演化與功能生態學中心（Centre for Evolutionary and Functional Ecology）的克萊蒙斯・波希特（Clemence Poirette）與其同僚。受弓蟲感染的個體，對獵豹尿的興趣遠高於未受感染的個體；而牠們對於人類尿液（這是對照組）的興趣，則沒有出現同樣的差異。然而，科學家不光是研究黑猩猩而已。除了有越來越多人研究弓蟲對嚙齒類動物造成的影響之外，也有證據顯示，受感染的鬣狗比較不怕獅子，還有整套相關性研究指出，弓蟲症可能和人類的冒險行為有關。甚至有人認為，鯨豚類[40]擱淺可能就是這種疾病造成的，可能源於貓糞從下水道排到

40 原註：cetacean，鯨魚、海豚與鼠海豚。

海洋中，在海洋環境擴散。這種感染當然會影響鯨豚類的健康，但有待說明的究竟是（一）弓蟲症在擱淺的鯨豚身上，比自由行動的個體常見；或是（二）擱淺越來越多，是因為風險較高的特定行為，而不是與疾病相關的體能或協調性受損所造成。

在許多將弓蟲症與人類行為連結的研究中，可能也會看到類似的懷疑。若觀察到感染者自殺風險較高，較好的解釋方式，或許是與養貓之間的純粹相關性，而不是與感染本身有關。舉例來說，如果孤獨的人比其他人更容易買隻貓，而孤獨又與自殺風險有關聯，那麼你應該會在自殺與弓蟲症之間找出統計上的關聯，即使這兩者並沒有因果關係。我在這裡的推測是相當隨興的，但希望讀者理解到，這些研究可以有許多方式來詮釋，因此我們不應該只憑著相關性的資料而倉促定論。

然而關於弓蟲病，無論有什麼其他說法，可以很確定的是，許多寄生蟲在經過演化之後能操縱宿主的行為，使宿主的行為提高寄生蟲傳給不同宿主的機會。如果聽起來很古怪，不妨想想每回你感冒時，根本無法忍著不打噴嚏，這就是病毒造成的。這種操縱宿主的行為是靠著天擇而受惠，因為有助於有感染力的病毒微粒從你的呼吸道傳到別人的呼吸道。狂犬病病毒也會改變宿主的行為，讓宿主高度亢奮與好鬥，在混亂中亂咬一通，感染新宿主。

面對如此陰森恐怖的事蹟時，我們不免會認為那可能是陰謀，狂犬病似乎是邪惡天才的大作。當然，現實裡的真相平凡無奇得多。有更多充分的證據顯示，無論是疾病、身體受傷或是遺傳體質所造成的腦部損傷，都會影響人格與行為，而既然這種病毒會影響神經組織，勢必會多多少少從異常行為中展現出來。不難想像病毒的古老譜系會在宿主身上產生孤僻、反社會到發瘋與攻擊等林林總總的失調；那些生存得最長久的譜系，只是剛好（並不是刻意）引發有利其傳染的變化。導致宿主性情大變並移居到山間隱居的病原體，註定無法長存。

行為操縱只是一種寄生性狀，還有許多性狀常會降低宿主生活品質。的確，動物若有寄生行為，可說是較為明顯地表示自然界有一定程度的不和諧與不完美，而這情況處處可見。想想看小丑魚，它是包含二十六種顏色鮮豔的小型魚的泛稱，這些魚生長在印度洋與西太平洋的珊瑚礁。大家最常看到的畫面，是小丑魚在海葵的觸手間游泳，然而海葵有滿滿的刺細胞，會朝著任何經過並摩擦到的東西發射微小、有毒素的小刺，小魚也是其攻擊目標。不過，小丑魚似乎不受影響，甚至與海葵發展出密切的共生關係，對雙方都有利。小丑魚對海葵的毒素免疫，能夠在海葵間生活，避開掠食者，可說處於相對安全的環境；為了回報，小丑魚也會協助保護海葵安全，使其免於掠食者與寄生蟲侵擾，同時以糞便來提供養分。顯然，小丑魚是演化的成功故事，但讀到這裡，你若是聽到小丑魚可被視為演化的受害者，大概也不會意外。

拿張照片讓你瞧瞧：攝影師林青曾拍攝了三隻小丑魚，而這張照片更曾入圍二〇一七年的國際野生動物攝影年賽（Wildlife Photographer of the Year）決選。瞧，小丑魚在印尼近海的淺水區排列漂浮，四周是紫色的海葵觸手，使得橘色與白色的身體顯得格外鮮豔。每隻魚都張開嘴巴，每張嘴裡都有一對黑色的小眼睛瞪著你。你看到的正是縮頭魚虱（*Cymothoa exigua*，俗稱食蛇虱或食蛇蟲），這種一吋長的寄生蟲，開心地窩在小丑魚原本該是舌頭的地方。

縮頭魚虱是等足目，屬於甲殼動物，潮蟲與球鼠婦[41]也是其中成員；這種生物看似怪異，卻有著無可抵擋的吸睛魅力，在過去幾年，媒體討論寄生的文章往往都會將牠納入。縮頭魚虱的幼蟲會在開放水域游泳，尋找宿主魚，牠們會從魚鰓開口鑽進去。在這個階段的縮頭魚虱是無性別的，但不久之後就會發育成雄性，接近完全成熟時會變成雌性，但前提是宿主身上還沒有其他縮頭魚虱；如果有的話，則雄性不會完全成熟。如果有兩隻雄性縮頭魚虱在同一個宿主裡，只有一隻會變成成蟲（也就是雌性）。成蟲會從鰓移動到口，並附著在魚舌下方吸血，直到魚舌萎縮，順勢取代其位置。縮頭魚虱終其一生會仰賴吸食血液與黏液維生，並在同一個宿主身上維持寄生，直到兩者當中有一個死亡。

§

我已經介紹了弓蟲、狂犬病病毒與縮頭魚虱，當作是本章核心訊息的餐前酒。本章的主題，就是寄生行為（及其無所不在）所代表的種種恐怖，以致於寄生行為看起來就像獲得天擇偏袒。越是仔細觀看自然界，似乎越容易找到寄生現象，不僅如此，還會發現寄生現象對宿主造成的災難千奇百怪，無窮無盡。我們可以很容易找到例子來說明動物演化出如奇蹟般的適應性，但如果我們將之歸功於演化，認為演化賦予小丑魚免疫能力，避免被海葵刺傷，那麼我們也該責怪演化讓小丑魚的舌頭被寄生吸血鬼取代。這兩種「贈禮」似乎不太平衡。同樣的，在第一章，我聲稱任何你想得到的頂級掠食者，基本上在追逐獵物時往往會失敗——現在我還要補充，頂級掠食者也可

41 原註：住在口中的等足目寄生蟲有好幾種，而縮頭魚虱只是最知名的。縮頭魚虱也能長得比照片中一吋的樣本大得多。

能渾身是蟲，爬滿蝨子。這是很單純的真理，然而宿主與寄生物之間的互動，會主導寄生現象如何上演，而這層互動相當多樣與複雜（而且相當有趣……但願能說服你）。這樣的偏袒雖然不是有意，也不是刻意，但無論如何，都無可否認是存在的。

數字遊戲

平均而言，每隻動物都是個寄生物。這只是簡單的算術問題，所有非寄生動物（以及多數寄生動物）在任何時間，至少都有一個寄生物附著其上（更可能是有數百、數千，或數百萬個）。在較小的程度上，這說法不僅適用於個體，也適用於整個物種；如果你表列世上所有已知物種，然後蒙住眼，再以圖釘在上面戳，十之八九會戳到寄生蟲。人類有寄生蟲、貓狗有寄生蟲、蜘蛛與蜂有寄生蟲，就連細菌也有。在動物家族樹上，幾乎所有的分枝都有寄生蟲（在非動物家族樹上也有許多寄生蟲，例如動基體蟲，[42]以及諸如病毒等實體——並非大家都同意這些實體具備生命）。還有寄生軟體動物、寄生甲殼動物、寄生魚類、寄生昆蟲、寄生哺乳類、[43]寄生鳥類，以及一大堆不那麼為人所熟知的分類單元，例如吸蟲綱與條蟲綱。

寄生物並非都擁有相近的譜系，也不會遵循一模一樣的生活方式，但我們可以依據其攻擊模式而大致分為三大類：第一類是擬寄生生物（parasitoid），通常（但不是必定）會吞噬宿主，導致宿主死亡；從這角度看來，這些生物等於是一種自然界的過渡介於寄生生物與完全的掠食者之間。眾所熟知的擬寄生生物屬於幾種蜂科，[44]其生活方式是把卵產在其他動物（通常是昆蟲或蛛形綱）的體內或上方，然後順其自然。講白一點，所謂的自然包括孵化的幼蟲會從體內吃掉宿主。我並不清楚究竟是宿主被寄生者把卵注入其身體之中比較慘，還是被裝載著麻痺性毒液的刺螫而動彈不得、讓寄生者輕鬆把卵產在身體上方比較慘。後者的受害者包括捕鳥蛛，其寄生者是大得可憎蟲如其名的鷹蛛蜂，[45]是蛛蜂科的成員。鷹蛛蜂的幼蟲孵化後，會鑽進其活生生的食物儲存間，牠們就這樣繼續大吃大喝，盡可能持續小心避開重要器官，這樣才能讓悲慘

42 原註：kinetoplastids。這群原蟲包括錐蟲屬（*Trypanosoma*）與利什曼屬（*Leishmania*），是造成熱帶地區人類重大疾病的感染原。

43 原註：嚴格來說，目前威脅袋獾（*Sarcophilus harrisii*）的面部腫瘤病，就是一種會傳染的單細胞哺乳類寄生腫瘤（學名也是*Sarcophilus harrisii*）。它會在個體互咬時擴散——而袋獾彼此互咬的頻率很高。

44 原註：不過還有其他昆蟲也有類似的行為。

45 原註：tarantula hawk，又稱沙漠蛛蜂。溝蛛蜂屬（*Pepsis*）與半溝蛛蜂屬（*Hemipepsis*）下的幾個物種都採用這名稱。

的宿主活著。

第二類則是外寄生物（ectoparasite），也就是住在宿主體外，靠著宿主的血液、毛髮、皮膚、皮肉或身體分泌物來過活。這個領域包括幾種大家最熟悉的寄生蟲，例如蚊子、跳蚤、蜱與蟎。這些節肢動物[46]占了五花八門的外寄生物的絕大多數，但絕不只有牠們而已。吸血蝠亞科（vampire bat）是外寄生物，正如八目鰻（這種魚的牙齒呈圈狀排列），以及巴西達摩鯊（cookie-cutter shark，又稱雪茄達摩鯊），光從原文就能看出這種鯊魚會從受害者的皮肉上，咬掉邊緣清晰的一圈肉。[47]雖然外寄生物單一個體通常從宿主身上取得的血量不多，但大量個體累積起來也可致命。新罕布夏大學的安東尼·穆森特（Anthony Musante）與其同僚研究蜱對於麋鹿幼鹿的影響，如果蜱的感染程度為中等，兩週之後，估計幼鹿可能因此失去總血量的百分之二十七到四十八。不令人意外，在蜱處於活動高峰的時空，蜱引發的貧血是麋鹿與其他大型哺乳類的常見死因。

需索無度的「禮物」

不過，姑且不論致命的情況，貧血鮮少是蜱加諸宿主最嚴重的問題；蜱和諸多會咬人的節肢動物一樣，是許多更小寄生物的傳染原。這些更小的寄生物就屬於我們所說的第三類寄生物——內寄生物（endoparasite），其一生或部分生命是在宿主體內度過。如果這些生物會引發疾病，就稱為病原體（意思就是「致病者」）。舉例來說，錐椿（triatomid bug，[48] 也有個迷人名字叫「接吻蟲」，這是指涉牠們不太可愛的習慣，也就是趁人睡覺時咬人的臉）會傳遞原蟲病原體枯西氏錐蟲（*Trypanosoma cruzi*），這會導致「查加斯氏症」（Chagas' disease，又稱南美錐蟲病），根據估計，查加斯氏症在二十一個國家（主要在拉丁美洲）感染約八百萬人，且以慢性病的型態導致其中將近半數病人罹患心臟病。

外寄生物具備傳染能力時，就會被稱為「病媒」。病媒的名單又臭又長，相當多

46 原註：arthropod，意思就是「有一節節的腳」，包括昆蟲、螯肢動物（chelicerate，包括蜘蛛、蟎、蜱、蠍與親屬）、多足類（馬陸與蜈蚣）、等足目（例如會取代魚舌頭的縮頭魚虱），以及甲殼動物（蟹、龍蝦、潮蟲、水蚤與親屬）等等。

47 譯註：cookie-cutter，就是餅乾壓模。

48 原註：「蟲」（bug）這個字通常是「昆蟲」的同義詞（或更廣泛的用法會納入其他節肢動物），但也有比較狹隘的意義，也就是我在此的用法。蟲是半翅目的成員，隸屬於昆蟲綱（Insecta）。其他昆蟲綱的目還包括鞘翅目（Coleoptera，例如甲蟲）、蜻蛉目（Odonata，蜻蜓與豆娘）、膜翅目（Hymenoptera，各種蜂與蟻）及鱗翅目（Lepidoptera，蝶與蛾）。

樣。多數讀者應該挺熟悉的幾種主要疾病，就是由這些病媒傳播，例如蚊子（瘧疾、登革熱、黃熱病、西尼羅病毒、茲卡病毒）、蜱（萊姆病、蜱媒腦炎、洛磯山斑疹熱）以及跳蚤（腺鼠疫），但也有些疾病是由沙蠅（利什曼病）、采采蠅（昏睡病）、黑蠅（河盲症）以及蠓蟲（絲蟲病）傳染。

然而，病媒不僅是管道而已，其生命史也會因為感染而大幅改變。有時候，這似乎能為病媒帶來好處。舉例來說，感染了伯氏疏螺旋體（*Borrelia burgdorferi*）的蜱（這種病菌會在人類身上導致萊姆症），比起未感染的蜱更能夠承受乾燥。由於蜱在尋找宿主時，最大的受限因素就是必須待在接近地面的潮濕微氣候中，這也會成為潛在的明顯優勢。但更常見的是，這類關係其實不那麼互利共生。正如我們所見，內寄生物通常會操控宿主的行為，因此不令人意外的是，它們會在病媒上施展相同的把戲，把傳遞的機會放到最大。

這種操控偶爾是相對良性的。以稻麥蚜（*Rhopalosiphum padi*）為例，稻麥蚜如果帶有大麥黃矮病毒（barley yellow dwarf virus），會偏好選擇吃未受感染的小麥，而不是選擇已經有病毒的小麥。這對病毒來說是有好處的，對這種蚜蟲來說或許就沒有差異。然而，這類大家都方便的情況很少見，因為病原體與病媒的利益通常不會這麼一致。舉例來說，病原體「想要」盡量多多擴散到尚未感染的宿主，其中一種方式，就是迫使病媒少量多餐地叮咬繁多宿主，而不是在少數宿主身上飽餐一頓。如果你是病媒，這表示需要花更多時間移動，較少時間吃東西。

以這一點來說，蚊子就是個好例子。丹麥奧胡斯大學（University of Aarhus）的約考伯・科拉（Jacob Koella）與其同僚從非洲坦尚尼亞的基降貝羅區（Kilombero）採集甘比亞瘧蚊（*Anopheles gambiae*），並分析其腸道內容，篩檢是否有人類的DNA與惡性瘧原蟲（*Plasmodium falciparum*）的存在，惡性瘧原蟲就是造成瘧疾的病原體。藉由匹配血液DNA與住在這裡的人類（自願者），他們發現，有百分之二十二已感染的蚊子，是吸食超過一個人的血液，然而在未遭受感染的蚊子當中，只有百分之十是這樣做；也就是說，感染造成病媒少量多餐。其他研究則說明，惡性瘧原蟲這種特化為針對人類的病原體，[49]造成甘比亞瘧蚊比較喜歡吸食人類的血，而不是其他哺乳類，藉此確保在叮咬吸血時，較少「浪費」在不適合的宿主身上。瘧原蟲（Plasmodium）也會懂得兩邊押寶，透過操縱宿主的氣味，讓宿主對任何蚊子都散發吸引力。

49 原註：其他種瘧原蟲會造成其他脊椎動物的瘧疾。舉例來說，有超過百種瘧原蟲會感染鳥類，但這些（就我們目前所知）完全不會讓人類致病。大約有五種是人類的特化種，至少有一種是人類與其他靈長類共同的特化種。

健康vs.家園

以寄生度日的吸引力不言自明，尤其是內寄生物，宿主不僅提供食物，還給予整個居住環境。對於寄生物來說，唯一的大問題就是傳播（這是因為宿主遲早會死亡，使其居住地消失）。內寄生物因此需要找個方法，從一個宿主前進到另一個。正如先前所言，內寄生物演化出許多方式來達到這個目的，甚至變得極端複雜，包括操控宿主自殺，並招募中間生物體（病媒）來執行傳遞服務。較令人疑惑的是，為何有宿主能忍受這種事？

簡單來說，答案當然是宿主寧可忍受。比較長的答案就牽涉到第一章談到的相同機制，也就是掠食者與獵物的互動，以及一大額外考量，讓天秤朝向有利於寄生蟲的那端傾斜。我們可以先從最基本的假設開始：寄生物與宿主的演化壓力是不一樣的。這該如何拿來與獵豹和瞪羚的關係相比呢？我們可以先想想，比方說水牛的適應度（也就是繁殖潛力）會因為不去防禦一隻（或甚至一千隻）蚊子侵擾而損失多少？損失其實很少，不會太多。但如果寄生物變成了蜱，情況會嚴重一點（尤其是一千隻蜱），每一隻都會比一隻蚊子多吸很多血，這樣許多宿主物種就會對蜱發展出各種形式的抵抗，從物理性的梳理到免疫反應都包括在內，防止蜱能成功吸血（或只是避開蜱大量孳生的區域）。就算是蚊子，如果同時大量出現，也偶爾會造成宿主失血死亡。然而大致上來說，外寄生物不會威脅宿主的性命。

這正好和掠食者－獵物的動態相反，也就是攝食者在互動時輸了，承受的懲罰會比被攝食者還低。在這兩種情況下，攝食者（掠食者／外寄生物）的代價是類似的——白費了一點力氣，需要再次嘗試——不過，被攝食的**獵物**會失去一切，但（只有一部分）被攝食的**宿主**鮮少會有如此悲慘的遭遇（在某些情況下，甚至根本沒注意到互動）。如此一來，外寄生蟲因其失敗所承受的風險會比宿主更大，因此面臨更強的選擇壓力，從而獲得了演化上的優勢。

然而，情況不完全是如此，因為外寄生物往往也是**內**寄生物（亦即病原體）的媒介，而內寄生物所帶來的影響可能遠比被很快咬一口、失去一點點血嚴重許多。因此顯而易見的是，宿主所演化出的一些對抗外寄生物的反應，至少有一部分源於叮咬者注入傷口的物質，而不光是叮咬者本身所帶來的選擇壓力。代價提高之後，理論上會讓天秤往更有利於宿主的那邊傾斜，但前提是宿主採用擋下病媒的形式來對抗病原體；

更常見的情況是，那些戰爭發生在宿主細胞內的分子層級。那麼，我們再來假設一下，外寄生物贏得了自己的小戰爭，並從病原體的觀點來看。

我們不必花太多腦筋，就會明白宿主對於病原體的重要性，比對外寄生物來說更重要。如果蜱無法咬某一隻鹿來吸血，大可以放棄這隻鹿，到其他地方碰運氣。當然，失敗的結果會累積，而蜱和蚊子相較的話，移動能力也比較差，因此只能對剛好經過的宿主吸血（或是在緩慢費力的行走過程中，看看能碰到什麼就吸什麼），而每個錯失的機會理所當然會顯得很重大。就連對蚊子來說，雖然蚊子可以到處飛，如果沒辦法從找到的第一個宿主身上吸血，不得不在各個宿主之間飛行時，在其短暫生命中也是浪費了可觀的時間與精力。對外寄生物來說，把時間浪費在錯誤的宿主身上的代價很高昂。但是和病原體的情況相比，風險依然相對較低。一旦病原體進入宿主體內，那就再無退路了——所有的雞蛋都放在同一個籃子裡，如果無法贏得眼前的挑戰，就會立刻死亡。宿主不僅是病原體的行動自助餐，更是整體環境，因此病原體的演化適應就是朝向在這稀有的空間生存與繁殖。

病毒缺乏自我複製的方法，遂格外仰賴其他生物；它們只有基因訊息。的確，病毒粒子（virion，這個名詞是指病毒的個別粒子）頂多就是裹著一層蛋白質外殼的一小批DNA或RNA，周圍則是由脂質構成的包膜。這些表面分子會與宿主細胞的細胞膜互動，導致宿主細胞允許病毒粒子進入，於是病毒粒子挾持了細胞的複製機制。這確切的過程會因為病毒類型而有差異，但結果都是宿主細胞投降，展開複製更多病毒粒子的任務，而每個病毒粒子都會與其他宿主細胞結合、挾持宿主細胞，並繼續這個過程，直到這些病毒粒子被免疫系統摧毀，或者再無任何可以感染的活細胞。無論結果如何，病毒如果少了宿主細胞，那就完全陷入無助，不僅沒有環境，也沒了可以繁殖的化學手段。無法成功感染顯然是一場災難。同時，宿主只需承受某種程度的健康風險（雖然有時候程度很嚴重，在極端情況下可能賠上性命）。我要為宿主與病原體涇渭分明的壓力取個名字——「健康－家園法則」（Health-Home），因為這樣能方便快速回來談這現象。

「健康－家園法則」是這比賽被操縱成有利於病原體的第一個機制。然而要記住的是，「健康」不是一種二元狀態；一個人並不會是完全健康或者完全不健康，而是會經歷到各種程度的健康與不健康。這表示，宿主的選擇壓力大小會因為疾病的嚴重性而有不同——症狀越嚴重，壓力就越大。這很重要，稍後會回來談這件事。在此同時，我們可以看看第二項機制，這也是個會滑動的尺度：宿主與病原體的世代時間差異。

演化並不會在個體的生命週期內發生；演化是個過程，會在各世代的一般個體身上產生差異。由於唯有在動物繁殖時，因為突變或複製錯誤而產下可能和自己不同的後代，才有了變化的契機，一個物種越快走完一個世代，越有機會發生演化改變。

如果其他條件不變，那麼潛在的演化機率就會和代間間隔（也就是第一次繁殖的年紀）成反比——當然，如果譜系演化越快，就越能對抗對手譜系的演化變化。回想一下軍備競賽的比喻，兩個國家要盡快發展攻防武器，才不會被對方比過；這過程中有一部分是牽涉到測試不同概念與技術，但這些實驗會耗費時間與金錢。如果A國一週可以測試十次，但B國一年才能測試十次，那麼A國很快就會主導軍備經賽，因為它可以迅速與B提出的任何東西匹敵，同時還能產生自己的技術進展，且對方無法回應。

讓我們看看這如何應用到宿主與病原體之間的發展。人類的代間間隔大約是二十五年（從古到今這數字多所變動，也持續反映出地理上的差異，但這邊提個大略數字就行）；在二十五年間，結核桿菌[50]——沒錯，正如你所知，就是會導致肺結核的細菌——大約會歷經九千個世代。這實驗次數還真多。[51]在每一個世代，最能感染人類細胞的病菌會非常成功地生存繁殖，因此後來世代的一般細菌適應性都會小有進步。這種適應不良譜系的汰選（可以想像成攻擊宿主技術的實驗），結核桿菌每發生九千次，人類只發生一次。

在我們徹底絕望之前，至少還有個好理由，認定細菌獲得的整體利益並沒有那麼大——具體而言，就是人類每一代能有性生殖，但細菌沒有。這很重要，因為有性生殖會在後代產生（非突變的）基因多樣性；事實上，有一項重要的理論，詮釋原本相當令人疑惑的有性演化（相對於無性，亦即複製），主張這樣能立即產生基因多樣性，進而產生不受病原體危害的保護力。

50 審訂註：*Mycobacterium tuberculosis*，其實是一種生長緩慢的細菌，這一特性對其致病性和治療方式產生了深遠的影響。

結核桿菌的生長緩慢主要表現在其極長的代時。與大腸桿菌等常見細菌僅需二十分鐘即可完成一次分裂不同，結核桿菌每次分裂需要約十五至二十小時。因此，在實驗室培養基中，結核桿菌需要數周時間才能形成可見的菌落。這種生長速度的差異源於其獨特的細胞結構和代謝機制。

結核桿菌的細胞壁富含黏稠的蠟狀物質，包括大量的分枝脂肪酸（如分枝菌酸）。這些成分雖然賦予細胞壁極強的抵抗性和穩定性，使其能抵禦宿主免疫系統和抗生素的攻擊，但也大幅減緩了營養物質的攝取速度和細胞分裂的效率。

此外，其較低的代謝速率也意味著在資源有限的環境中能更持久地生存，這對慢性感染的形成至關重要。

結核桿菌的緩慢生長對治療構成挑戰，因為它對抗生素的反應較慢。治療結核病通常需要多種抗生素聯合使用，並持續六至十二個月，以確保完全清除病原體並防止抗藥性的產生。

51 原註：其實在許多感染性病菌當中，結核桿菌已經是知名的懶惰；會造成腺鼠疫的鼠疫桿菌（*Yersinia pestis*），在同樣的時間會有十七萬五千個世代。

有性vs.無性

長久以來，有性與無性就是演化生物學上最棘手的議題之一，因此我們應該稍微離題一下，思考這主題。

所謂的有性，指的是兩個個體結合遺傳物質的過程，其產生的後代不是任何一方的複製；在這情況下，「有性」就**不是**「繁殖」的同義詞，因為後者不必有性也能輕鬆達到目標。有性過去是會引起爭議的問題，至今在某種程度上依然如此，原因在於有性生殖會產生一些明顯的缺點。[52]首先——或許也是最雞毛蒜皮的小事——有性生殖表示需要找個伴侶，這就需要時間與精力，但那原本可以用來覓食或複製。第二，區分雄性與雌性，基本上是一刀將生殖產出砍半，因為現在只剩下百分之五十的族群可以生殖。[53]然而比這些效率流失更嚴重的，是打破基因體（genome）時可能造成的危害，這些基因體在第一例的有性生殖之前，是天擇反覆塑造，歷經無數世代所整合出來的成果。若突然把兩種基因體混合起來，就像找來汽車與摩托車，並交換兩者的零件。現在汽車的引擎太小，無法有效率移動，前輪又太窄太大；同時，摩托車的引擎馬力大得危險，車輪無法在前叉之間裝好。這時，車輛就像是基因體，而零件（引擎、車輪）代表基因。這些基因各有不同的版本——正確名稱為「對偶基因」（allele）——就像汽車的基因體含有「汽車車輪」的對偶基因，而摩托車的基因體含有「摩托車車輪」的對偶基因（其他零件以此類推）。只要摩托車的對偶基因都在摩托車基因體，所有汽車對偶基因也在汽車基因體，那麼雙方都可以運作良好；交換對偶基因不免會降低所有基因共同合作的機率。

那為什麼要這樣做？主張生物演化出有性生殖是為了對抗病原體的理論派，最初是源於觀察到某些宿主對某些病原體有抵抗力，但是對其他病原體則無抵抗力。以簡單的比喻來說，宿主的對偶基因可想成是「鎖」，而病原體的對偶基因則是「鑰匙」。想像一下，有個無性生殖的宿主譜系被一種病原體感染。由於無性生殖是靠著複製來

52 原註：這問題如今依然有爭議的原因，並不是因為我們無法理解性如何或為何演變，而是因為還有許多或許足堪解釋的理論在較勁，而我們尚且不知道哪一種比較好。或許每一種理論在某種程度上是有效的。除了基因多樣性可以當作是對抗病原體的防護之外，還有一種概念指出，有性可以清除有害的突變基因體。這主題就遠超出本書以及我的專業範圍。

53 原註：生物學家經常把這稱為「雄性代價」的問題，雖然另一個看待方式是說，每個個體都能繁殖，但每一次只有百分之五十的基因會傳遞。當然，這對雌雄同體的物種來說並不是問題。

繁殖，所有宿主的基因都一模一樣（頂多有零星的隨機突變）。如果病原體在感染宿主的能力上出現任何變異，那麼有這種能力的病原體就會具備明顯的優勢。天擇很快會確保所有病原體都有正確的「鑰匙」來打開宿主的「鎖」。現在宿主全都處於困境，可能受到這種病原體的感染。

這時，有性生殖就能上場救援。有性生殖的第一個世代會獲得立即優勢，因為子代**不會**和親代譜系一模一樣，因此至少對一些病原體能產生抵抗力。甚至可能**沒有**任何病原體具備正確的鑰匙組，取決於每個鎖有多少對偶基因。在未來的無數世代中，宿主和病原體都會出現變異，因此很少有宿主能完全安全，但是有性生殖能避免**所有**病原體都演化出精準正確的鑰匙，因為鎖也一直在改變。久了之後，防守會更成熟，融合越來越多基因，在宿主族群增加對偶基因獨一無二的可能組合，讓鎖變得更加多樣化。

這可不是不切實際的空談。蘇格蘭斯特靈大學（University of Stirling）的史都華．奧德（Stuart Auld）與其同僚曾使用簡明的實驗背景，說明有性生殖在面對病原體的立即優勢。大型溞（*Daphnia magna*）是兼性生物，意思是如果有性生殖是有利的，就會進行有性生殖，否則便採用無性生殖。大型溞特別容易受到分枝巴斯德氏菌（*Pasteuria* ramosa）感染，這種細菌會讓宿主無法生育，而由於無法生育幾乎就是對這譜系判了死刑，因此要避免感染的演化壓力相當龐大。奧德等人讓無性生殖的水蚤族群感染擴散年，之後把忙著與親代共同演化的病菌，引進到隔年的水蚤後代。這些水蚤的後代可能是透過有性生殖，也可能是無性生殖所產生，因此可比較兩者避免感染的能力。結果平均而言，有性生殖產生的後代比複製的兄弟姊妹表現好得多。有性生殖人勝。

簡言之，就對抗病原體來說，有性生殖是較有利的。現在我們回來看看快速繁殖的病原體，與緩慢繁殖的宿主之間的演化軍備競賽問題。宿主有性生殖比病原體常見，於是宿主的計分卡上又多得一分。然而，天秤還是明顯往病原體這邊傾斜。舉例來說，細菌或許沒有有性生殖，但有各種水平基因轉移機制（也就是在同一個「世代」的個體之間，不透過生殖來轉移基因；生殖就會是「垂直」轉移到其他世代），包括「接合」（conjugation），也就是細菌（通常是同種，但未必一定如此）實際上彼此交換ＤＮＡ片段。基因交換因此得以快速發生，即使缺乏有性生殖的重組。當細菌把這招與超凡的複製速度結合，宿主就只能苦苦追趕了。

聽起來宿主沒救了。的確，病原體接連累積優勢，因此讓人不得不問：為什麼病原體還沒完勝？或更精準地問：如果演化的力量多半集中在微生物這邊，為什麼沒有時時攻克宿主的防禦措施？

適可而止的「智慧」

我們現在談的事情叫「致病力」（virulence），這個字在不同的脈絡下，意義會有細微的不同，而在流行病學，[54]致病力的定義是病原體對宿主造成的傷害程度（病原體未必是指病毒——這兩個字只是有相同的拉丁文字根）。對宿主造成的傷害與病原體的立即利益之間，通常有強烈的相關；這是從簡單的觀察而來，也就是病原體複製的資源必須從宿主取得——幾乎可說是零和相遇。

然而，對病原體來說，繁殖並非唯一要務，先前提過，病原體也需要在宿主之間移動。如果繁殖（以及透過消費宿主資源而產生的致病力）的效果太好，導致病原體還沒有機會傳遞出去，宿主就已死亡，那麼致病力反倒會成為致命的問題。這便是病原體的兩難，也正是這個細節，讓「健康－家園法則」和「一條命一頓飯法則」之間有了質性上的不同。在這兩種情境之下，較重要的資源（分別是家園與生命）會在面臨失去它的一方身上產生較大的演化壓力：兔子譜系「贏」過狐狸譜系，因為兔子需要保住的是生命，而不只是一餐；病原體譜系「贏」過宿主譜系，是因為需要保住能進入家園的能力，而不光是維持一定程度的健康。不過，對病原體來說有個危機，也就是要克服宿主防禦的壓力變得很大，它因而發展出太過進步的演化回應，反倒摧毀了它想要確保能進入的東西。不必說，這種情況不會發生在兔子身上，防禦狐狸絕對是沒有壞處的。病原體的過度成就顯然是弄巧成拙，但還是無法阻止這情況有一定的發生頻率。

讓我們更仔細觀看這機制。以一種簡單的病原體形式為例：一種病毒透過宿主打噴嚏時的口部飛沫來擴散出去。[55]和所有的病毒一樣，它首先會在個別宿主體內歷經幾個世代的循環，[56]而要達到這一點，是透過闖入宿主的細胞，強迫它們製作新的病毒粒子。這些個別的粒子多半是一樣的，但偶爾會出現複製錯誤，因此在病毒世代繁殖下去的過程中會出現基因變異，導致與原病毒競爭的譜系出現（病毒譜系通常稱為「病毒株」）。要注意的是，我們還是在談論發生在同一個宿主個體內的過程，並想像

54　原註：Epidemiology，一門研究疾病（尤其是在宿主群體中的擴散）的學門。
55　原註：換言之，就是像流感之類的東西。
56　原註：有些比較複雜的內寄生物，例如絛蟲，一個世代需要更多宿主，通常是不同物種的宿主。

下，自從感染之後，病毒還沒有接近另一個個體，因此尚未傳遞出去。有支新的病毒株剛好比其他的更貪婪，並以更快的速度闖進宿主細胞，在這過程中，對每個細胞造成的傷害也更深。宿主很快就病得無法動彈，於是得找個安全的地方休息，封閉與他人接觸的機會。這有害的病毒株讓自己（以及那位宿主體內的所有其他病毒株）走向滅亡，但因為它的複製力是最強的，因此原本更有機會長存的較溫和病毒株無法與之匹敵。天擇不會著眼未來——每個世代汰選出來的變異體，**定義上**就是複製力最強的那種。於是當受困於這暫時棲身的單一環境下，適者生存變成無一倖存，天擇無法相救。所幸這致命的病毒株也走到盡頭——但這消息無法安慰曾（暫時）扮演活體實驗室，讓病毒演化實驗失敗的宿主。

說到這裡，精明的讀者或許會想，為什麼我上述的描述是貌似可信的場景，但是在討論掠食者－獵物動態時，我並**沒有**假定有個超級快速的獵豹譜系出現，宰殺所有賽倫蓋提瞪羚，最後餓死？為什麼沒有？有幾項理由會讓超快獵豹的情況不可能發生。第一，獵豹與瞪羚的世代間隔其實是一樣的，這表示，在獵豹譜系中，有幫助的基因改變頂多只能「超前部署」一個世代，這樣瞪羚就可能「已讀不回」。掠食者每個小小的變化，都會誘使獵物發生變化來對抗，因此獵豹就是無法累積起夠大的優勢。相對地，病毒有機會歷經數千個世代，因此可以累積許多越來越有用的突變，而宿主卻沒有任何演化上的回應。

第二，病毒是比脊椎動物單純得多的實體；而正如之前提過，病毒是否該視為生物都還眾說紛紜。病毒的DNA（或RNA）很少，而單一突變就會在每個病毒粒子的結構產生更為明顯的變化，因此和古老譜系相比，就可能出現明顯不同的行為，而在同時，又不會破壞其生存必須的複雜生態系統。

這些都無法改變一項事實——對病原體而言，致病力過高是個問題；任何病毒若是在找到新家以前就把家園摧毀，都無法活得夠久而橫掃宿主族群。另一個極端是幾乎不會傷害宿主的病原體，但這只能透過將自己的複製最小化來達到，因為掠奪宿主資源的目的就是為了複製，而這個目的會傷害宿主。無害的病原體必須在宿主體內稀疏分布，鮮少有機會傳播到其他宿主身上。顯然，對於任何宿主－病原體系統，都有一個適當的平衡點（我的意思是，對病原體來說很適當），在這平衡點中，病原體的適應性能找到最佳權衡，把從目前宿主取得資源的需求，以及把後代安全送到下一個宿主之間的需求取得平衡。

某一病原體菌株是否達到最適致病力（optimal virulence），則是另一回事，而且與脈絡高度相關。想想看我們剛才的假設，有一種病毒是靠著噴嚏來傳播。最適致病力得視宿主物種的行為而定，尤其仰賴每個個體與其他個體接觸的機會。比方說，這種病毒在宿主密度高的地方，能比在宿主密度低的地方擁有更高的致病力本錢，因為在前者的情況下，宿主之間的接觸可能比較頻繁，表示用不著每個受到感染的宿主活夠久，才能保證把感染傳遞出去。因此，在其他條件不變的情況下，宿主的密度決定了宿主間的接觸率，進而決定病原體的傳播速度，也決定了最適致病力。

然而，其他條件並非一成不變，而宿主接觸率對致病力的限制是可以規避的，比方說借用病媒，尤其是有翅膀的病媒。無論宿主密度如何，光是靠著病媒都會提高傳播率，不需要宿主實體接觸就可以傳播病原體。以「健康－家園法則」的語言來說，病媒讓搬家變得更輕鬆。對病原體來說，這樣不僅減輕宿主族群密度低所帶來的問題，也讓維持個別宿主健康的代價降低。從一般法則來看，宿主動物越覺得病懨懨，行為會越不正常，而在社會性物種[57]上，這就表示與其他個體的接觸較少，因此傳播機會也較小。然而，病媒會叮咬生病的宿主，也會叮咬健康的宿主，因此病原體無論如何都能夠傳遞，宿主健康程度所造成的限制就鬆綁了。結果就是，最適致病力又更強了。

雖然漫無方向，但病原體的演化速度與靈敏性，依然是宿主望塵莫及的。這並不是說宿主沒有嘗試，或怎麼試都白忙一場，而是有另一種版本的軍備競賽存在。的確，演化產物鮮少有比脊椎動物免疫系統更複雜的，但其動態通常比掠食者與獵物之間的關係更不平衡，通常也更不規則。不妨把這視為兩支軍隊之間的消耗戰——其中一支軍隊既現代又有組織，另一支原始混亂，且偶爾會傾向於毀滅性的局部自殺攻擊。

§

宿主與寄生物互動，大多以「健康－家園法則」為特徵，通常比起掠食者與獵物之間的互動，會出現更難以預測的動態。最重要的差異在於寄生物（尤其是成長快速的內寄生物）有潛力可在軍備競賽中大幅超前，但這又不一定對自己的物種最有利。這不僅導致宿主族群中局部死亡率的巨大高峰，也會導致在預測病原體於宿主族群中的擴散進展時格外困難。長期來看，新的病原體通常會演化出較低的致病力，因為較溫和的菌株挾著更大的傳播成功率，終究會在數量上超越更有攻擊性的菌株（只要能

57 原註：直接傳播的病原體通常不會在非社會性宿主上找到，理由相當明顯。

感染到未受更高致病力菌株感染的宿主）——雖然致病力通常會穩定保持在中間值，而不是消退到零。短期來看，幾乎什麼事都會發生。無論細節如何，都無法避免寄生物會持續存在的事實。無論物種或個體，寄生現象都是生命的一環，動物也不會演化到能擺脫寄生物。在下一章，我們會討論生命中另一項事實較為奇異的意義：性，以及對性的追求。

第四章

美得真要命

The Beautiful and the Damned

地點：美國賓州的切斯特縣（Chester County）。

事件：一隻飛蠅掛在蜘蛛網上。要不是腿上的羽狀長鱗片增加了身體表面積，導致掙扎時又纏得更嚴重，牠早就逃脫了。嚴格來說，這些鱗片是裝飾性的功能，唯一的目的正是欺騙雄蟲，讓對方以為自己比實際上更大——這樣就更可能生出許多健康後代。這下子，這些鱗片可能會害牠丟了小命。

這隻蟲蠅是長尾舞虻（*Rhamphomyia longicauda*），而長尾舞虻及其他幾種類似物種在求偶時，雌蟲會聚集在林地樹冠的小開口，通常接近河流或小溪，成群「跳舞」給雄蟲看。體型越大的雌舞虻代表越有魅力，腳上的鱗片其實只是誇大其資產的方式之一；其腹部也有可擴大的囊袋，而在加入舞群之前，牠們會先在附近的植物上休息，吸入空氣來擴張腰圍。

雄性長尾舞虻則是明顯可辨，因為在抵達交配群體之前，會進行相當有風險的打獵行動，捕到的獵物就是「聘禮」，交給雌蟲。於是雌蟲一邊享用獵物，一邊交配，這頓飯的份量越大，就可能有越多時間讓雄蟲來傳送精子（詳情留待第七章再說）。雌蟲在成為成蟲之後，只有在這時候才會吃含有蛋白質的食物；牠已經完全棄絕打獵，而是偏好偶爾從花朵中啜飲花蜜，把省下的力氣用來膨風自己的資產——正是那些資產決定了牠的命運。

這些資產也可能決定了兒子的命運。兒子很可能繼承父親沒什麼用的特質，容易輕信他人；外部觀察者會懷疑雌蟲是否真值得費力欺騙，實在無可厚非。在本章中，我們會看到長尾舞虻可能自傷的行為，在生命究竟是成是敗的嘉年華中，如何受到天擇的嘉惠。過程中不牽涉到其他物種；這不是掠食者與獵物之間，或是寄生物與宿主之間的軍備競賽所造成的結果，而是演化為長尾舞虻畫出的路徑，由長尾舞虻自己決定該怎麼做。不僅如此，其整體結果模式是很常見的，很容易透過演化理論來預測。然而我們卻很難看出，除了蜘蛛之外，還有誰會從中受益。

性擇：自我的汰選

影響一生中繁殖潛力高低的因素有很多，個體需要符合非生物環境的所有層面，例如溫度、濕度、降雨量、鹽度、酸鹼值，還要能應付其他生物所提出的挑戰，無論是獵物、掠食者或競爭者。每一項因素都是驅動演化的選擇壓力，這是天擇的本質，意即環境特色決定了生物對下一代的相對貢獻的過程。然而，那些特色的影響程度卻不同，而在有性生殖的物種身上，有一項格外突出。

想想看蘇格蘭凱恩戈姆山脈（Cairngorm range）有隻雌雪兔，在這山區的所有雪兔中，牠是最大、最強壯的一隻。牠在冬天會有厚厚的皮毛，在黑暗而漫長的幾個月裡能帶來溫暖與保護，也會在最適當的時機點換上輕盈的夏季皮毛。牠的牙齒又利又硬，比同伴的牙齒磨損得慢，而且還擁有最有效率的消化系統，傲視所有雪兔。牠的視力異常敏銳，所以通常會先瞥見掠食的金鵰，但即使金鵰看上雪兔，牠仍一派平靜，按兵不動。等到金鵰發動攻擊，爪子往前伸展張開，這隻雪兔就往空中跳三呎，金鵰只能撲空，雪兔毫髮無傷。掠食者在石楠間撲空時，雪兔已輕鬆躍上山丘，知道自己不會再被追殺。簡言之，牠是雪兔界的典範，有最好的基因。只是，如果找不到配偶，一切都是枉然；這隻雪兔能活多久、維持得多麼健康都沒有意義——沒有伴的話，牠的基因遺產就消失了。

這種一翻兩瞪眼的結果，讓尋找配偶成為天擇最殘酷的潛在過濾器。雖然就現實情況而言，容不容易找到配偶不太可能成為妨礙雌雪兔繁殖的因素，但是對許多其他物種的個體（尤其是雄性）來說，找不到配偶確實是很可能發生的真實事件。舉例來說，雄性象鼻海豹成功找到配偶（哪怕畢生只交配一次）的比例低於五成——因為有大量的雌海豹是由優勢的雄海豹兇狠看守著，優勢的雄海豹壟斷了交配機會。頭好壯壯的雄象鼻海豹，即使只比周遭最強健的雄海豹略為弱一點，卻彷彿和出生時少了頭一樣，這一丁點的差異就會使得牠的生殖前景變得截然不同。

對其他動物來說，這種篩選機制會以不那麼二元的方式運作，不是在「有配偶」或「無配偶」之間選擇，[58]而是要承受如何找到最好配偶的壓力，且經常得退而求其次。結果雖然是比較溫和的篩選機制，但依然是篩選機制；和低品質的個體交配，依然可能導致你的後代成為失敗者。因此，個體適應性的一部分就在於要有能力找到最好配偶以及抓牢配偶（或甚至配偶們）。換言之，所謂的天擇，有一部分的「選擇」是由動物負責的，因為牠們會彼此選擇。生物學家會把這種特定過程——個體的生殖成功是透過選擇配偶（或取得配偶）來篩選——和其他的天擇形式分離，並給予一個名字：**性擇**（sexual selection）。雖然性擇有潛力勝過其他演化壓力的作用，但這不是性擇最值得關注的特色；更值得注意的是，性擇許多最明顯的作為顯然看起來有適得其反的特性。

58 原註：在二元情況下（例如象鼻海豹），這比較像是「幾十個配偶」與「無配偶」之間的抉擇。

時尚受害者

我們先從劍尾魚（swordtail）開始談起。這是劍尾魚屬的小魚，原生於北美洲與中美洲。雌魚看起來平凡無奇，但是雄魚尾鰭[59]的底部則相當修長，收攏為一個尖端，看起來像一把劍（因此有這名字）。雖然它看起來有點累贅，但或許不出意料，許多研究說明雌劍尾魚（畢竟是評斷這種事最合理的評審）喜歡劍比較長的雄魚。[60]

然而，說雄劍尾魚尾鰭累贅，從客觀的意義來看倒是挺精準的。誰都看得出來，雄魚的尾巴對牠來說沒有好處，**只能用來**吸引雌魚。以蒙氏劍尾魚（Montezuma swordtail）為例，雄魚的劍尾可能比身體的其他部分還長，占整個體表面積的三分之一以上。對於水下的物體來說，表面積與長度都會造成阻力（也就是阻礙移動的力量），所以劍尾其實嚴重妨礙游泳。事實上，這一點也已經獲得證明。墨西哥國立自治大學（National Autonomous University of Mexico）的吉勒米娜·阿爾卡拉斯（Guillermina Alcaraz），與同事雅莉珊德拉·巴索洛（Alexandra Basolo）及卡拉·克魯西（Karla Kruesi）在實驗室衡量了阻礙的程度，並提出結論：在平常游泳時，有劍尾的雄魚比沒有劍尾的魚代謝率要高出百分之十九。[61]不僅如此，研究人員把魚放在環流水槽，並觀察牠們如何應對穩定增加的流速時，發現魚的代謝速度提高，並不足以彌補這麼長的尾鰭所造成的障礙。事實上，牠們就是游得較慢；沒有劍尾的雄魚可維持的最高速度，比一般雄劍尾魚要快了將近百分之三十。這種缺乏效率的狀況，想必會引起其他連鎖反應。任何個體的能量資源是有限的，在某個區塊的耗費必須在其他地方補回來；因此可以合理推測，雄劍尾魚犧牲了免疫機能、消化效率或其他身體系統，以「負擔」吸引雌性的裝飾（之後詳談）。不僅如此，墨西哥哈拉帕生態研究中心（Institute of Ecology in Xalapa）的亞曼多・赫南迪茲–吉門內茲（Armando Hernandez-Jimenez）所率領的另一組研究人員發現，劍尾的存在會讓這種魚更易於吸引慈鯛科的掠食者。

簡言之，雌劍尾魚所青睞的雄魚，具有讓牠們游得較慢、較無效率，因而更容易被吃掉的特徵。你應該會覺得這現象很奇怪。我們習慣的概念是，在擇偶時（在會發生擇偶的環境）是要評估優點；的確，天擇的邏輯似乎是如此要求。若有個體偏好與

59 原註：caudal fin，魚尾的學名。
60 原註：別想歪了。
61 原註：你可能會有點疑問。沒錯，她們把一些雄魚的劍尾切除以後拿來做比較——她們使用了麻醉劑，也有治療傷口。初步實驗指出，這手術沒造成明顯的生理衝擊，雖然你大可以對這種說法懷疑。

品質較差的配偶分享基因，那麼其所留下的後代，會少於較挑剔的個體所留下的後代，進而讓這種行為消失。然而，情況卻未必如此。無論是昆蟲、蜘蛛、魚類、鳥類、哺乳類、兩棲類與爬蟲類，在這麼多樣的族群裡，擁有最華麗裝飾的物種個體（通常是雄性，但未必總是如此）在尋找配偶時，往往能一而再、再而三占有優勢。

那麼，為什麼雌劍尾魚會演化出對於雄魚身上裝飾的偏好，而恰巧這裝飾還讓雄魚在重要層面變得更糟？如果不以掉書袋的態度來猜測，或許沒辦法回答這個問題，但可能答案在於，這種偏好反映出雌魚對某種感官線索有先天的偏誤。我們先從一項觀察說起。一般天擇會依照對物種來說最有用的感官資訊，鍛鍊出物種的感官接收度，這一點相當明顯，舉例來說，某些猛禽（例如紅隼）可以看到紫外光，原來是因為小型哺乳類在草叢中移動時所留下的尿液痕跡，就會散發出光譜上的這種光。同理，蝙蝠可以聽到人類聽不見的頻率，因為那些頻率對蝙蝠來說有用，但是對我們來說卻是無用。劍尾魚會對某些特定的視覺、聽覺或嗅覺線索特別敏感，而這些感知能力正好能幫助牠們尋找食物以及躲避掠食者。此外，雄性劍尾魚的身形或身上的圖案，似乎也能夠吸引雌魚的注意。或許誇張的尾巴能刺激雌魚對身側圖案的感知（我們不得而知），但無論是哪一種更易於吸引雌魚的目光，對於雄魚來說，就是不證自明的好事。

在其他條件勢均力敵的情況下，雄魚若能夠不經意發出最利於雌魚接收的訊號，通常會比缺乏這種訊號的雄魚留下更多後代，而這好處純粹就只是因為更容易受到雌魚注意。要注意的是，這些魚交配過後，雌性後代通常會繼承這些喜好，讓這個特徵永久保持下去。這個理論似乎有理，但我們無法確知。然而，有些跡象顯示，這種「感官偏誤」（sensory bias）的假設可以套用在劍尾魚上。

最令人玩味的是，雌魚的偏好似乎在劍尾出現之前已經存在；換言之，在任何雄魚發展出劍尾之前，雌魚已經喜歡劍尾了。我們可從幾項觀察中推論出這個現象。首先，並非所有劍尾魚屬的雄魚成員都有劍尾，其中幾種的雄魚尾就是一般型態，但是這幾種的雌魚仍然更喜歡以手術加上劍尾的雄魚。當然，這項發現有兩種詮釋方式——第一種解釋是，這證明偏好先出現，只有幾種雄魚演化出劍尾；第二種解釋是，劍尾和偏好都很古老，但是在較為近期的某個時期，現代種不再有劍尾而縮短了尾部。第二項觀察降低了後者的可能性：鋸花鱂屬是劍尾魚屬的姊妹屬，其雄魚**都沒有**劍尾，但是雌魚卻比較喜歡劍尾。後者相關實驗是由巴索洛（也就是率先確認劍尾魚偏好的研究者）進行，她不僅發現鋸花鱂屬的雌魚比較喜歡有劍尾的雄魚（這些雄魚是以人工加上劍尾的鋸花鱂屬），且偏好的程度和劍尾的長度有正相關。這主張相當吸引人，但還是無法證明，著實令人氣餒；我們就是無法確知鋸花鱂屬與劍尾魚屬是否有具備劍尾的共同祖先，後來鋸花鱂屬全部沒有劍尾，而劍尾魚屬有幾種也失去了劍尾。

假設巴索洛說的沒錯，這項對於劍尾的先天偏好確實暗示著過去曾有劍尾的情況，那麼感知偏誤就得到了明顯的解釋。然而要解釋雄魚代價高昂的裝飾演化，還有人提出其他說法。

困在國王的新衣裡

感官偏誤說明了雌魚偏好是如何展開的運作機制，但在許多案例中，沒有必要假設其背後還有機率之外的因素。想像一下有個鳥類族群，其中的雄鳥五顏六色（但這並不會讓牠們生存或成功繁殖後代的機率有所不同），而這族群中的雌鳥也完全不在乎雄鳥的羽翎。接著再想像一下，最優質的雌鳥剛好發生隨機突變，讓她偏好淡色羽翎。這種偏好沒有道理可言，在選擇最佳配偶時也無法帶來任何優勢，然而，影響卻可能相當深遠。

由於牠是優質雌鳥，會比其他雌鳥擁有更多後代，這些後代中的雄鳥承襲了父親的性狀，會比同世代大多數雄鳥的顏色更淡。假設女兒承襲了母親的偏好，那麼這些雌鳥離巢之後，也會選擇顏色淡的雄鳥，並有高於平均的繁殖成功率（因為牠們繼承母親的優點，以及母親對於雄鳥的品味）。同時，最成功的雄鳥會是顏色最淡的，因為牠們受到最優質的雌鳥青睞。這麼一來，就建立起優質基因與淡色基因之間的連結，這完全是隨機發展出的連結。隨著世代演進，一般雄鳥的顏色就會越來越淡，而雌鳥也會普遍偏好淡羽翎的雄鳥。

值得注意的是，雖然這種偏好起初沒有意義，但很快就不是如此；顏色淡的雄鳥會越來越常由優質的母親產下，因此淡色雄鳥的平均品質就會開始比深色雄鳥高。這種情況一旦發生，對於淺色雄鳥的偏好就會開始產生實質好處，而生物學家研究幾百個世代的族群時，就能辨別出雌鳥偏好，並指出這很有生物意義（前提是如果雄鳥還有色彩差異可供雌鳥選擇）。然而，事情未必就這樣結束。想像一下，隨著時間流逝，雄鳥的顏色越來越淡，終於演變成在掠食者眼中，顏色最淡的鳥比顏色較暗的鳥更加顯眼。這下子淺色說不定不再能夠可靠地代表著品質，因為顏色最深的鳥更有機會享有較長的壽命，因此有生殖潛力。但這只是**潛力**——這種潛力可能因為永遠無法吸引配偶而不會實現。這種偏好被鎖定了，於是物種不得不承擔笨重的性狀。

上述例子是杜撰的，不過，實驗研究已說明這現象現在存在於自然中。孔雀魚這種小魚的雄性會有鮮豔的顏色裝飾，並擁有巨大的魚鰭，這兩種性狀都能吸引雌魚。不過，雄性的魅力正好和生存率呈現負相關，最有吸引力的雄魚往往是最早死的，最不可能生下能活到成熟的兒子。然而，這明顯的障礙根本不重要：裝飾最花俏的男性留下最多後代。雖然其雄性後裔活到成熟的比例低於外表較單調的同輩，那些活下來的子孫卻有高得不成比例的交配成功率，因為吸引力就和低生存率一樣，都是與生俱來的。讓我們說清楚講明白：雌性孔雀魚受到身體品質較低的雄魚吸引，而雌魚覺得這些雄魚有魅力的地方，正是那些雄魚的外表（因此雄性後裔也有這些具有吸引力的外表）。不出意料，這過程常被稱為性擇中的「性感兒子」（sexy sons）理論。

故作妖嬌英俊

並不是所有理論都會以隨機的偏好來詮釋雄性裝飾。另一套想法，則是以「誠實訊號」（honest signalling）為核心概念，也就是說，雄性的裝飾本身對生存來說可能是中性（或甚至有害），但仍可以傳達出裝飾者特定性質的某些真正訊息。有幾種機制可維持這種強迫性的誠實，而我們的老朋友寄生蟲就深諳此道。

現在要來談談「寄生物介入的性擇」，最好的例子，就是雄艾草松雞表演的華麗巴洛克求偶舞。這種松雞出現在美國中西部的灌木叢，會在蒿屬灌木叢中覓食與躲藏，一整年中的大部分時光都很低調而不顯眼。然而等到交配期來臨，雄艾草松雞就會拋下矜持，聚集在共同求偶場（lek），自命不凡、趾高氣昂地到處走著，對周圍的雌性觀眾展現自己的本領。這裡要談的就是那本領，因為乍看之下很不可思議。這套服裝以像毛皮一樣的白色羽毛構成的翎頜開始，從鳥的頭部垂到胸前面，就像喬治王時代的白鼬毛皮領子，而牠的頭也會深陷其中，這樣就只露出眼睛上方的黃肉垂。這滿滿的好萊塢巨星風采會被身側的一圈尖刺抵銷，那是十幾根尾部的羽翼成扇狀展開，豎立在背後。而壓軸就是看起來像兩顆巨大黃蛋的東西，從粉撲般的領子上被擠出來，好像鳥的肺部衝破肋骨，開始在皮膚下充氣膨脹。當然，這不是肺，而是喉囊，裡面確實充滿空氣，人類看了不免驚訝。

不光是在人類眼中看起來如此。如你所料，雌艾草松雞會深受這華麗的舞蹈吸引，但就像犬展的裁判，牠們會要求要看到某些元素才會感到真正滿意。其中一項元素就是喉囊的顏色一定要純淨無瑕，因為這裡正是寄生蟲介入之處。原來，如果有蝨子侵擾，就會在氣囊上造成小小的瘀青斑痕，而在實驗中顯示，這斑痕會讓雌鳥掉頭就走。不光是蝨子會造成這個現象。加入求偶場對雄鳥來說很耗費精力，也會引來金鵰、草原隼與種種掠食者的覬覦。感染了鳥類瘧原蟲（*Plasmodium pediocetii*）的雄鳥（會導致昏睡等症狀）遭到攻擊的風險會更高，因此通常比較少去求偶場。遠離求偶場，當然就表示會被雌鳥忽略。

蝨子與鳥類瘧原蟲[62]因此給了雌性艾草松雞選擇配偶的客觀標準。如果牠們忽略了不在求偶場上的雄鳥，並忽略求偶場上喉囊有斑點的雄鳥，就能更確定選擇的是健康狀態最佳的雄鳥，也就是免疫基因最佳的雄鳥。要注意的是，一般來說，雌鳥的選擇是依據**天擇**；能排除感染的雄鳥，生出的後嗣免疫能力較佳，存活率也較高。相對地，**性擇**——透過雌鳥的選擇——決定了雄鳥的繁殖成功率。

良好的健康狀態是無法偽造的，這事實讓雄鳥展現外觀的行為變成「誠實」訊號。這對品質不那麼好的個體來說可不是好消息，畢竟成敗之間的差距可能很大。族群生物學家馬克・波依斯（Mark Boyce）曾觀察到，一隻雄鳥可在一個半小時的時間與二十三隻不同雌鳥交配，而在求偶場上，半數雄鳥整個求偶季吸引不到半隻雌鳥乃是常事。由於成功率極度偏斜，對雄鳥來說形成了沉重的演化壓力，必須要有吸引力才行。然而在這種情況下，吸引力與生存前景會有大範圍重疊，因此對雄鳥來說，沒有明顯動力讓牠們損害生存前景，換取把吸引力拉到最大。前面說過，在求偶場上的行為可能是有風險的，但至少喉囊在不需要的時候就不必鼓起，而白色翎頷也可以放平圍在頸部周圍；這些都不足以構成額外的重量，或對不在求偶場時的日常生活造成其他阻礙。若把這與雄劍尾魚面對的情況相比，劍尾魚的潛在配偶完全是以任性的標準在擇偶，而且如果要滿足雌性的品味，會導致雄劍尾魚更難游泳（這對魚來說是很重要的事情）。整體來看，當個雄艾草松雞，比當雄劍尾魚要好。

或許是如此吧，但似乎又不能說，所有物種的雌性偏好，都和健康的誠實資訊有關。所以，接下來要介紹另一個過程——「失控選擇」（runaway selection）。

自討苦吃

如果雌鳥是依照羽翎所包含的健康資訊（就像艾草松雞的喉囊是否純淨）來判斷

62 原註：事實上，這只是幾種會感染該物種的瘧疾寄生蟲之一。還有兩種不同的蝨子會寄生在艾草松雞上：吉氏蝨（*Lagopoecus gibsoni*）與艾草松雞蝨（*Goniodes centrocerci*）。

潛在追求者，至少比較不那麼任性，不像那些偏好特徵（例如劍尾魚的尾巴）跟有用資訊沾不上邊的動物。不過，雌性動物依然在使用替代措施，而非精準地測量雄性動物的品質——雌鳥並不是真的去計算蝨子或驗血，藉此尋找瘧原蟲的跡象。這種差別是有意義的。為了說明這一點，我們要來談談其他物種，把鏡頭轉到馬來西亞的森林，看看雄性達氏柄眼蠅（*Teleopsis dalmanni*）競相吸引雌蠅的注意。如果不熟悉柄眼蠅，就想像一下一隻普通的家蠅，但比較小，之後再想像牠的眼睛是位於兩條細細的管子末端，那兩條管子從頭側往兩邊伸出，因此，從俯視的角度，這隻蒼蠅看起來就像大寫的「T」。雌蠅和雄蠅的眼睛都長在柄管上，[63]但這項性狀在雄蠅身上誇張得多，明顯代表了性擇正在上演。

就像艾草松雞，柄眼蠅也會聚集在求偶場（通常是突出於溪流上的樹根糾結處），這表示雌蠅可以直接且輕易地比較追求者並加以評估。想必讀者現在已經料到，許多實驗已說明雌蠅比較喜歡眼距寬的雄蠅——這程度是，如果拿個眼距比野生柄眼蠅還寬的雄蠅模型，雌蠅也會聚集在這些假配偶周圍。正如艾草松雞的情況，這也顯示雄蠅的裝飾可穩定顯示出其品質。比方說，雄蠅的眼柄寬度與整體身體狀況顯然有相關性。倫敦大學學院的山繆．卡頓（Samuel Cotton）與其同僚給予柄眼蠅幼蟲不同的食物量，衡量這對於幼蟲成為成蟲時，眼距與其他性狀的影響，結果眼距比身體長度更能預測這方面環境壓力的程度。

目前為止沒什麼問題，雌蠅會做出有用的決定。而問題（對雄蠅來說）會出現，是因為雌蠅並不是**直接**依照有用的性狀（例如健康）來選擇，反而是利用不一樣的特徵，但這個特徵只和那項性狀略有**相關**而已。這一點有什麼重要性？嗯，「健康」（正如透過一些身體狀況來衡量的指數，例如寄生蟲負載量）通常有上限，無法有更進步的改善；一旦沒有寄生蟲，也沒有辦法進一步減少寄生蟲負荷量。但是，眼距還可以變得更長。

那麼，當雌蠅演化出（有用的）偏好，選擇眼柄最寬的雄蠅時，接下來會發生什麼事？自然而然，雄蠅眼距的選擇壓力就上升了。哪隻雄蠅有最大的眼距，就會有最多後代，因此接下來世代的眼距平均值也會比之前的略長（因為眼距寬的雄蠅會比眼距短的雄蠅有更多後代）。但現在，當然，光有寬眼距還不夠，因為幾乎其他柄眼蠅也

63 原註：雌蠅為什麼有眼柄，有幾種可能的解釋。可能是雌蠅選擇眼睛分很開的雄蠅時，所直接選擇到的這種基因也造成女兒的眼柄有一定程度的成長；或者寬的眼睛也可能幫助雌蠅更容易判斷雄蠅的眼睛寬度。最後，可能至少有些雌蠅偏好眼距寬的雌蠅，或許是因為這樣的雌蠅可以生出眼距寬（因此更有吸引力）的兒子。

都有寬眼距，而前幾代的極端值，現在可能也低於平均了。雌蠅會堅持自己的喜好，而在這一群寬眼距的雄蠅中，唯有最寬的才能享有高繁殖成功率。久而久之，眼距早已長到不再能為雌蠅帶來有用資訊了。這就是「失控選擇」，可能會偏離當初啟動性擇過程的機制（例如感官偏誤、性感兒子等等）。

最後，這樣會達到極限。雄蠅會碰到阻礙，無法覓食或躲不過天敵，於是也無法活得夠久並繁衍，因此，雖然雌蠅可能會喜歡眼距更寬的蒼蠅，但也沒有這樣的選擇了。這個極限到底在哪，各個物種並不一樣（取決於環境要求物種辦到的其他事），但這可能會朝向完全荒謬且相當不便的途徑發展。當然，在此同時，雌性仍會尋找最接近災難閾值的配偶，因為牠們的血源正是來自天生會做出那種選擇的雌性。結果就會出現像達氏柄眼蠅的物種，雄蠅的眼距有時甚至比身體還長。幼蟲階段吃了什麼，食物品質可預測成蟲的眼距（見上文），這項事實就足以證明，要長出超長的眼柄，代價可是頗為高昂，但我們也知道，雄蠅還會付出其他代價。比方說，「飛行觀察」（flight-observation）研究指出，眼柄會對靈活性造成力學限制，這得透過更大的翅膀、改變拍翅模式來彌補。雌蠅的選擇會讓雄蠅處境更加不利，只是，想要跳脫這種惡性循環的狀況恐怕是奢望；雄蠅註定要在這種脆弱平衡中求生，處於不吸引人卻苟活，或者有魅力卻被死亡陰影籠罩的兩難境地。

演化生物學家讀到上述段落，或許會反對我的論點，也就是我認為失控選擇讓雌性的達氏柄眼蠅處境更加不利。他們的論點會是如此：以演化觀點來看，適應度是以實際或潛在的終生繁殖成功率來定義；眼距最寬的雄蠅，繁殖成功率最高，因此是最適者；眼距窄的雄蠅適應度較低，因為交配機會較少，後代也較少。如果這樣推論，說眼距寬的雄蠅比眼距窄的雄蠅「更糟」並不合邏輯——因為顯然事實不是如此。

我並不反對這樣的分析，也不反對雌蠅選擇最大眼距的雄蠅，是得到當下最好的交易。雌蠅絕對會選擇現有的最佳雄蠅，而眼距寬的雄蠅也一定比其他競爭者吃香。但是，這邊談的只是**相對**適應度；眼距最寬的雄蠅，適應度**比周圍的其他雄蠅更好**。但想像一下，我們幫這族群中的每一隻雄蠅動眼柄手術，縮短三公釐（或者透過基因操縱，讓每隻雄蠅在長出眼柄時就變短三公釐）。每一隻雄蠅在階級上的相對位置依然一樣，因為雌蠅仍會應用相同的規則（眼距最大的雄蠅），最後還是選了相同的雄蠅。那些雄蠅完全不會因為眼距縮短而失去一丁點適應度——重點是，這樣飛行時會耗費較少精力，也更容易躲過掠食者。

若把我們已目睹的過程和這想像的過程加以比較，就能更凸顯出這一點。在第一章，我討論過獵豹的軍備競賽，會讓獵豹在演化時間中越跑越快，並說百萬年前獵豹的平均速度比現今的平均速度要慢——獵豹長久以來有所進步（至少這個特徵是如此）。相對地，如果我們跳進時光機，回到史前的馬來西亞森林尋找達氏柄眼蠅，就會發現雄蠅的眼距比較短，而如果我們近距離研究得夠久，勢必會發現古代的雄蠅生存率較佳；之後，柄眼蠅就每況愈下。

百萬年前，眼距最寬的雄蠅能吸引到其世代的雌蠅，就像現今眼距寬的雄蠅也能吸引到現今的雌蠅，但是古老的雄蠅擁有比較好的終生適應度，正是因為牠不必浪費那麼多精力在生長與維持眼柄，或彌補其在飛行時的空氣阻力。這裡比較的是一百萬年前適應度最高的雄蠅，和現今適應度最高的雄蠅。簡言之，這個物種長久以來變得越來越糟，而這是天擇的產物。

制約與平衡

前面的段落是在解釋，即使裝飾特徵顯然對物種與個體不利，還是可能出現。但還有個關於普遍性的問題：為什麼是在某些地方、某些物種發生，而其他地點與物種沒有這情況？

幸好在談到自然界的裝飾程度時，有些模式是可以分辨的。這和演化生物學上大部分的問題一樣，要先從選擇壓力的差異開始思考。

成為最有吸引力的雄性勢必要能得到好處，才會促成裝飾的演化。前面討論過，為了長出這些裝飾，會衍生出大大小小的成本，並抵銷了好處。因此，我們應該預期裝飾之所以會出現，是因為吸引力能大幅提高適應度而且非常值得，以及附帶成本特別低——我們發現事實的確如此。裝飾在一雄多雌[64]的物種裡特別常見，有吸引力的雄性會主導繁殖機會，讓其他許多雄性（通常是大多數）無法擁有後代。在這種情況下，吸引力的選擇壓力非常高，因為階級高的報酬也是高得不成比例，階級低對基因來說就是死路一條。[65]

這只是等式的一半，另一半條件則是低成本裝飾。要達到這個目標有幾種方法，其中一種就是雄性在繁殖系統中除了精子之外，沒有其他貢獻。如果不需要花時間或力氣養育後代，大可以砸下重本，投入花俏或甚至笨重的羽翎。這就簡略描述了艾草

64 原註：polygynous，這是指單一的雄性會與不只一位雌性交配。
65 原註：不過……請參見第七章「偷偷摸摸的小王」段落（頁二三〇）。

松雞與柄眼蠅的情況，孔雀也適用。雄孔雀或許是裝飾最華美的動物，但除了基因之外，對於下一代沒有投入任何貢獻。

當然，要不是雌性動物承受了反向壓力，這一切都不可能發生。在一夫多妻的體系中，雌性不僅大量投入於努力繁衍，把所有的時間與精力用來養育子孫，直到牠們獨立，同時也把所有資源投入在卵的生產。如果你付出這麼高的代價，你會希望自己提供的是最好的產品，因此雌性動物的挑剔是演化出來的。

光譜的另一端則是純一夫一妻的物種，這情況又大不相同。在這情況下，雄性的外表若缺乏魅力，代價相對很低，因為缺乏壟斷，就表示地位低的男子還是可能找到配偶，即使品質同樣不佳。對雌性動物來說，選擇依然很重要，但除非本身是最高品質，否則無法堅持要得到最好的雄性，因為這樣的雄性已與其他雌性配對，無法再與自己搭配。[66]由於競爭賽場相當平均，透過裝飾來提高吸引力的選擇壓力不會太高——因為沒有獎賞。不僅如此，在一夫一妻的物種中，雄性通常會大量投入養育後代；的確，養育後代相對困難，是這類物種最初採行一夫一妻制的原因之一——雌性真的無法光靠自己完成這項工作。親職照顧確實挺費力的，也讓雄性動物沒有那麼多精力從事奢華的展示（額外的繁重裝飾也會促使生存率降低，而這代價太過高昂）。不妨想想林鶯[67]、鴿子與鴉科（還有許多動物），這些動物的兩性都相當平均地分攤親職工作從外觀來看也差不多。許多其他物種則介於中間，兩性外觀有某種程度的差異，代表支持與不利裝飾的演化壓力或多或少達到平衡。

我們應該也要明辨「隨機」在此事所發揮的影響力。在柄眼蠅與艾草松雞的例子當中，雌性的偏好是和雄性品質的指標**有關**，但並不是**相同**的指標。雌柄眼蠅是無意識地感知到，眼距最寬的雄蠅比眼距較窄的健康，而雌艾草松雞也是「知道」喉囊乾淨無瑕的雄性，比喉囊有斑痕的健康。這兩種性狀都和品質有可靠的連結，但兩者都是隨機的，因為雌性大可以選擇其他特徵。不過，這種特徵的特性還是會影響到裝飾在以後能變得多誇張。雄火雞前額有多肉的「皮瘤」，會伸得長長的，垂到喙前，試著讓雌火雞留下深刻印象。我們可以假定皮瘤的長度有上限，如果超過的話就無法縮回，並會阻礙覓食。這上限可能相當保守，但雄雉的長尾巴可能就另當別論了。這個附屬物要輕得多，不僅如此，必要的話也可以脫落——如果狐狸撲向帝雉的尾巴，往往只

66 原註：這並不是說，看似一夫一妻的繁衍體制確實如此運作。完全一夫一妻可能相當罕見，即使是搭配成對、共同撫養後代的物種也是如此。如果某個個體可以瞞著配偶，藉由偶爾交配增加適應度，牠們通常會如此嘗試。

67 原註：但要注意的是，鳥鳴（繁殖季時主要屬於雄鳥的活動）也是某種裝飾，不過成本很低，尤其是在森林深處執行時，例如林鶯與其他鳴禽。

會抓到一堆羽毛。因此，性狀固然是隨意的選擇，其華麗程度卻受到了明確限制。

瓣蹼鷸與海龍

若以成本效益的框架來思考，就能對奇特案例做些預測。舉例來說，有些物種是雌性有裝飾，雄性沒有，雖然這樣的物種數量不多。瓣蹼鷸有三種，是有可愛習慣的岸鳥，會在游水時兜小圈子，產生漩渦，把下方泥土中的有機物拉上來。這三種鳥之中，同一物種的雄性與雌性，其羽毛花色基本上都是相同的，但雌鳥比較鮮豔，也有較大面積的純色斑。因此我們可以推論，雌鳥比雄鳥承擔更大的選擇壓力，必須更有魅力。正如我們所見，如果交配成功率很不平衡，壓力就會升高，只有少數個體能獲得不成比例的適應度，在每一季成為大量後代的父母，而其他個體則完全無法交配。

坦白說，這通常是雄性的優勢。以我們人類為例，雌性的生殖成功要面對長達九個月孕期的辛苦限制（後續還有更漫長的哺乳期，直到近代才有改變）。生下超過十五個孩子的母親十分少見，但是男性理論上一年可以有數以百計的孩子。在某些古老社會，有少數幾名男子無疑將理論付諸實行（例如成吉思汗），想必留下大批一臉埋怨、欲求不滿的單身漢。

然而，這種不平衡的狀態卻與瓣蹼鷸面對的情況相反。雌鳥會把孵育與養育雛鳥的任務完全交給雄鳥，這麼一來，雌鳥又可以再度與其他雄鳥交配，而其他雄鳥也會扛起哺育幼雛的責任（每隻雌鳥在每個繁殖季可以生上十窩蛋）。在這個例子中，是雄鳥有繁殖輸出的天花板（通常每年三、四隻幼雛），而一妻多夫制[68]裡的雌鳥則可從連續交配中受惠。由於每隻雄鳥比配偶投入得更多，因此雄鳥不必一視同仁，大可以選擇要養育哪隻雌鳥的幼雛；雄鳥一年只有幾隻後代，所以最好確定其可行性。這就驅動了雌鳥的演化壓力，必須要透過魅力來宣揚自己有多麼優秀，因此羽毛比較大膽，於是局面逆轉。[69]

類似模式也出現在瓣蹼鷸的親戚身上——雉鴴（或稱長腳雉鴴），運作方式也差不多，另外，海龍這群生物也是。海龍就像被拉直拉長的海馬；事實上，海龍與海馬是近親，也都具有雄性負責育嬰的特色。在交配之後，雌海龍會把卵下在雄海龍腹部的

68 原註：也就是一隻雌性動物可以和一隻以上的雄性動物交配。
69 原註：如果雌瓣蹼鷸判斷在秋天來臨之前，時間不足以養育最後一窩幼雛，那麼牠會先行遷徙，當作心滿意足的最佳表示，讓老公完成工作之後再跟上。

育兒囊（有幾種海龍缺乏育兒囊，卵會直接黏在雄海龍皮膚上），而雄魚則以精子使其受精，之後負責照顧。雖然在海龍科當中，海馬有最成熟的孵育囊，但雌性產卵時的付出似乎勝過雄性孵育時的付出，所以通常仍由雌性選擇雄性，一夫一妻是常態。然而有幾種海龍則是雄性付出較多，或許是因為雌性產的卵能量儲存較少，以及（或因為）海龍的孵育囊較小，雄性生育力有限。因此，雄性比較挑剔，驅動了雌性裝飾演化，包括顏色較鮮豔、有環狀圖案、皮膚沿著身側有皺摺。

愛美惹來的麻煩

本章開頭曾提到一隻舞虻奮力掙脫蛛網的故事。現在我們要回來談談這隻舞虻。讀到這裡，讀者應該可以對舞虻這物種的交配系統提出有理的推測，想像兩性個體所承擔的選擇壓力如何形成一張網，在過程中拉扯著雄雌舞虻。首先，由於雌舞虻有裝飾，所以可以安全推測，做選擇的是雄舞虻。第二，這些裝飾可能不完全誠實地反映出主人的品質。結果是：舞虻腿部鱗片的大小及腹部鼓起的程度，都和整體身體狀況相關，但會誇大後者；雄舞虻在選擇看起來最大的雌舞虻時，得到的未必是牠們原本想像的交易。「性感女兒」的安排很可能占了上風，而雄性受到雌舞虻吸引的因素，就是在外觀魅力。

雄舞虻可能會發現，自己不經意在強化容易上當的原因。在這裡離題一下，我們大可以猜測，雄舞虻是故意尋找能抓到與運送的最大聘禮。這是很公平的假設，因為雌舞虻（正如其他許多其他物種的雌性）可能快速連續和幾個雄性交配，因此沒有任何一個雄性可以保證自己壟斷卵的父親身分（或甚至連父親身分都沒有）。任何可以操縱這情況，使之對自己有利的雄性（例如精子數量較多或游得較快，或任何馬基維利式的欺騙策略——第七章會更詳細探討這主題）便能夠留下更多後代，因此雄性就會有選擇壓力，要做到這一點。以舞虻的例子來說，要確保能當父親，就是要提供最慷慨的贈禮。趁著雌性在吃東西的時候交配，只要雄性提供的餐食越大，輸出精子的時間就越久，因此獲得純粹的數量優勢。如果這份贈禮夠大、品質夠好，雌舞虻也更可能就此心滿意足，不再尋找其他交配機會。

這樣似乎是美事一樁，但倘若雌舞虻越是能單靠雄舞虻給的食物填飽肚子，就越有餘裕為了欺騙而將資源投注在裝飾上。以實際情況來說，雄舞虻真的是付出代價給雌舞虻，好讓對方欺騙自己。但在你開始義憤填膺之前，記住，正是這裝飾妨礙雌舞虻掙脫狡猾地掛在交配群旁的蛛網。天擇與性擇為其策劃的安排，也令牠們深受其害。很難不作出結論：雄性與雌性舞虻被困在不健全的欺騙與識別力漩渦中，雙方都無法得到自己想要的，而除了蜘蛛之外，沒有贏家。

§

下一章我們先休息一下，不再思索物種與個體的競爭，而是要看生命中無法避免的現象之一：老化，以及問問自己這為何無法避免。我們會發現，答案就在另一種相當不同的競爭當中：個體與自身基因的競爭。至於贏家是誰，始終就沒有疑義。

第五章

演化催人老？

Getting Long (and Short) in the Tooth

下次有機會的話，問問澳洲人關於掉落熊（*Thylarctos plummetus*）的資訊，看看他們眉頭深鎖、臉部繃緊，陰影掠過雙眼的表情。掉落熊可不是笑話，是無尾熊的近親，有許多共同的習性，例如大部分時間是棲息在樹上，同樣分布在澳洲東部，但是掉落熊體型較大，毛色偏橘紅。另外還有三項重要差異，首先，無尾熊主要是吃葉子，掉落熊則是肉食性。雖然鮮少攻擊人，也沒有致死紀錄，卻能導致重傷，這不光是因為掉落熊的獵食方法——顧名思義，就是從高處掉落到獵物上，而撞擊瞬間可導致腦震盪、頭部受傷，甚至脊椎受傷。不知情的外國人最可能遭到攻擊，而這種令人玩味的統計數字，據信反映出澳洲人與異邦人廣泛的飲食差異——澳洲人會大量攝取富含鹽的維吉麥（Vegemite），產生不好聞的特殊氣味，掉落熊這種掠食者並不喜歡。

第二項重要差異或許更明顯——掉落熊根本不存在。這個澳洲民間傳說流傳多久已不可考，雖然可能少說有幾百年之久，但現今似乎主要是用來嚇嚇觀光客。有人認為，這傳說是遺留自對於一種更大型的動物的古老回憶，那種動物是真正存在的劊子手袋獅（*Thylacoleo carnifex*）。袋獅早已滅絕，但也不算太過久遠，因此曾和此大陸上最早的人類共存幾千年。從解剖學來看，袋獅重量為一百公斤，能輕鬆爬樹，下顎的肌肉組織暗示著可三兩下宰了當時的大型哺乳類，包括人類。

然而更可能的說法是，掉落熊的故事源自歐洲殖民之後，當初是幽默誇張地描述無尾熊從樹上掉下來的故事——或許是掉到某個人的頭上，或掉到這人附近。無尾熊確實會從樹上掉下來，但是第三項差異就在這：掉落熊是刻意為之，無尾熊卻是不小心掉下來。在這種情況發生時，無尾熊會採取四肢攤開的「展鷹」姿勢，落地時把身體表面積放到最大，因此從二、三十公尺的高度墜落仍能毫髮無傷。無尾熊骨折的情況確實會出現，幸好都能癒合良好。正因如此，加上無尾熊擅長棲息在樹上，因此從樹上滾落不是無尾熊的主要死因，車輛撞擊與披衣菌感染才是頭號殺手。只是，有幸躲過這些陷阱與跌落樹下的無尾熊也很難活到老，因為牠們會飢餓到死。我們不得不作出以下結論：無尾熊的演化，莫名地讓牠們在不需要用牙齒之前，就沒牙可用了。這很沒道理。

大限將至，咀嚼不動的未來

無尾熊算是相當挑食的動物，雖然住在林種豐富的澳洲東部，但就是偏好桉屬的樹葉，這種樹葉不僅硬，又沒特別有營養，需要不斷咀嚼才能分解得夠小，讓胃部能萃取出任何有用的東西。幸好無尾熊的牙齒非常擅長此任務，但遺憾的是，牙齒終究會磨損，第二副牙齒也無法再更新。牙齒磨損的個體可以透過增加食物攝取、延長咀嚼時間來得到彌補，但這兩種方式都有極限，於是這階段的無尾熊就是靠著借來的時間苟延殘喘活著。如果剖開餓死的無尾熊胃部，會發現一大團的葉子碎塊，那些碎塊太大了，無法靠著發酵分解。食物處處有，卻沒有丁點可以吃。

牙齒磨損而導致餓死的故事，同樣也發生在大象身上，只是最大的陸生哺乳類似乎比無尾熊好運一點。無尾熊和大部分的哺乳類一樣，一生會有兩副牙齒，[70]大象則有六副。[71]除了長長的象牙，大象口中一次只有四顆牙，上下顎兩邊各有一顆，每顆牙都會在不停咀嚼的磨損中磨平，替代的牙齒則從後面長出來。從數字上來看，大象略勝一籌，但是這兩種差異極大的動物究竟誰較處於劣勢就很難說（要決定的話，會需要一個反事實條件的情境，也就是牙齒從來不會磨損的無尾熊與大象，才能看出這種情況能活多久）。這件事只能用推測的，但無疑的是，大象或無尾熊個體的牙齒磨損時，若能視需求換掉，而不是次數有限，就會過得更好。只不過，現實不是這麼回事。

這似乎很奇怪。事實上，另一種硬組織（骨骼）就有自我修復的特質（任何動物都是），這代表（一）身體確實可能修復硬組織，以及（二）能做到這一點，在演化上是有利的（也可延伸推論，讓個體生存是有用的）。為什麼牙齒無法獲得和骨骼一樣的照料與注意？換言之，為什麼牙齒不一開始就堅硬一點？河狸門齒的尖端會以含鐵化合物強化，[72]這樣至少從技術來看，其他物種也可能有類似的適應行為。但一定有什麼因素阻止了這現象發生，而且也只有兩種可能性。其中一種可能性是，必須的突變只是還沒發生在河狸以外的物種，但遲早會發生。另一個原因則是，強化牙齒所得到的適應度優勢很小，因此，在權衡之下，天擇其實比較**偏好**讓無尾熊、人象與其他諸多動物慢慢餓死。

真有可能這樣嗎？

降低死亡的代價

我們在此特別討論的是牙齒，但任何和年紀有關的衰退經驗中，其生理層面都可

70 原註：有袋類動物（無尾熊就是其中之一）只有後齒才會更換；在第三顆前臼齒之前的牙只會長一次。
71 原註：偶爾會有七次，但大象每副牙只有四顆，無尾熊則是三十顆。有一好無兩好。
72 原註：既然你問了，我就告訴你：是水鐵混合物（Fe2O3．xH2O）與非晶態磷酸鐵鈣的混合物。

以討論——換言之，就是衰老。所有動物都會變老，我們都知道這一點，也接受這是生命的事實（儘管不是人人都心平氣和地接受）。但我們真的該好奇為什麼會有衰老這回事，因為如果停下來想一想，就會覺得這不是那麼理所當然。畢竟，為什麼天擇會放棄一個好不容易得來的身體——這個身體撐過了掠食、競爭與各式各樣的困難，也證明自己值得成為繁殖管道，完成基因資訊要求的所有事——然後就放在那邊爛？老化對我們來說似乎合理，只因為我們很熟悉，但是對於演化生物學的學者來說，這問題需要有更適當的回答。

這答案可以分幾個不同層次，一開始是最直接的細胞過程，依序提升複雜程度，但這裡會把焦點放在最終問題：為何衰老在演化上**符合邏輯**；我們不把重點擺在研究衰老對身體的實際介入。英國生物學家彼得・梅達沃爵士（Sir Peter Medawar）的洞見是個很好的起點。他在一九五二年曾在著作中提到：「隨著年齡增加，天擇的力道也會減輕。」我們已經看出，選擇壓力的力道會不同，不同物種之間是如此（例如奔跑速度的壓力對於瞪羚來說，比對獵豹還大），同一物種的不同性別也是如此（例如雄艾草松雞鼓起喉囊的壓力，就不適用於雌性）；現在需要注意的是，對於任何個體，在其一生中所受到的壓力強度也可能變動。

或許你腦海中現在冒出了兩個問題：（一）為什麼天擇的力量會隨著時間推進而弱化？（二）這樣為什麼會演化出老化現象？[73]我們會依序處理這兩個問題。回想一下第一章，任何情況所造成的適應度成本越高（例如無法找到食物或配偶），要避開這情況的選擇壓力就越大；再回想一下，個體可承受的最大代價就是無法繁衍。如果個體在第一次繁殖行為之前就死了，成本就是全部；正如第四章的雪兔，如果沒有繁殖，就沒有適應度，[74]所以成本的上限是：得不到本來可以擁有的後代。

我們的成本也有「下」限，也就是擁有原本可以擁有的**所有**後代。生完這些之後才死，是沒有什麼影響的（除非你還需要繼續扛下親職，下一章會多談）。這聽起來或許有點矛盾，畢竟我是在描繪如果沒有衰老，則會發生什麼事的概況（因為我們想知道這是怎麼開始的），但如果沒有衰老，生命當然就會永久持續，而潛在繁殖也無窮無盡吧？其實不然。少了老化並不代表永生不死，理由很簡單：每天還是有被吃掉、感染的機會，或者失去繁殖潛力。因此即使是由不老物種所構成的族群，也會是年幼者多、年長者少，所以每個個體的平均後代數量也不是永無止境地增加。無論是否衰老，

73 原註：兩個都是好問題，問得好。
74 原註：這也不完全正確。下一章我們會探討特定的場景中，沒有後代或許有好處。

預期終生繁殖量其實是有限的。

在設定這些界限之後，我們便可以繼續討論下去。某個個體在至少有些許後代之後，可說就有了適應度優勢「存款」，如果這個個體是在這之後死亡，就會失去所有潛在的**未來**適應度，但這損失不可能和繁殖之前就死去的總成本一樣高。想像一下，這個個體又活了久一點，並在死去之前又多了些後代，現在又累積**更多的**適應度，於是——由於更接近潛在最大適應度——死亡造成的潛在未來適應度損失又**更少**了。簡言之，個體已有的後代越多，個體死亡所造成的潛在可能後代損失就越少。死亡的代價以及避免死亡的選擇壓力，長久下來一定會下滑。

讓我們釐清這到底是什麼意思。如果說五歲的普通瞪羚會比四歲的普通瞪羚更不容易被獵豹吃掉，是**不**正確的。我們現在是在說五歲時死亡的適應度成本會比四歲時要低，因為五歲瞪羚終生適應度有比較大的部分已存放起來（或說，以小瞪羚的型態在流通）。[75]

簡單來說，死亡（或者任何會減少繁殖機會的事物）的適應度成本會隨著時間推進而降低，因為個體活得越久，其潛在適應度就實現得越多，而如果適應度成本降低，那麼避免成本的選擇壓力必然也降低。現在，第二個問題來了：這樣為什麼會促成老化的演化？

累積與對立

梅達沃依照觀察，假設選擇壓力隨著時間降低，某物種有害的基因性狀會累積起來，但只會在個體的生命晚期彰顯。這是因為在年輕動物身上，減少生存或繁殖的基因突變會很快被淘汰（因為那會讓終生適應度付出很高的成本），但有同樣影響的基因在更年長的個體卻不會很快被汰除（因為這讓終生適應度的成本**少得多**）。這會開啟扇大門，讓一套很晚發生的有害性狀集體驅動衰老發展。[75]

這個觀念挺有吸引力，但不太完整，因為如果沒有意外，那些很晚才啟動的性狀仍是**略為**處於劣勢，而有這些性狀的譜系仍會在競爭中敗給沒有這些性狀的譜系。換言之，晚期才起作用的性狀並不像早期起作用的性狀那麼重要，但這不表示，這些性

75 原註：要注意的是，這是「平均」效應；如果四歲的瞪羚已經擁有三隻幼獸後代，而五歲的卻沒有，那麼獵豹加諸的選擇壓力在五歲羚羊的身上其實較高。正因如此，我們可以說選擇壓力會隨著年齡而減少，因為年齡通常與繁殖產出有關。

狀不會被一致汰除，從族群中消失。有害性狀的累積因此無法解釋衰老本身的演化。這時，有個角色從舞台左邊登場，叫作「拮抗基因多效性」[76]。基因多效性的這個名稱，是指一個基因（或獨特的基因組合）和兩個以上不相關的身體特徵有關，而加上「拮抗」（antagonistic）一詞，就表示其中之一若是正向的，則另一個就是負面。兩種效應可能在同個生命階段發生，但對許多基因多效性的性狀來說卻不是如此，而這就是關鍵所在：如果正向效應只發生在年輕、有生殖能力的個體，負面效果只發生在較年長的個體，結果可能是正向選擇會促成老化的性狀，尤其是考量到前述早期啟動性狀的額外壓力。更精準來說，如果正向效應的適應性優勢勝過負面效應的適應性劣勢（就相對時機來看，很可能是如此），那麼這性狀就會普及。

要注意的是，這和梅達沃提出的累積假設不同，因為他的假設是說，在生命晚期發生的有害性狀之所以會在基因體中存在，是因為沒有像早期發生的性狀那麼重要；這有點像是說，偷單車是好事，因為殺人更糟。的確，偷單車**或許是**比殺人好，但我們一定還是想立法禁止這種行為，哪怕抓得或許沒那麼嚴。同樣地，天擇還是會排斥晚期發生的有害性狀，只是不像對早期出現的有害性狀那麼強烈。拮抗基因多效性並不同——若是伴隨著效果強過「壞」性狀的「好」性狀，尤其是「好」性狀還比較早出現，則「壞」性狀會受到積極的**偏愛**。

現實生活中，支持這項假設的數據很少，直到美國生物學家喬治．威廉斯（George Williams）在一九五七年提出這理論，[77]尤其是因為野外確實出現老化的情況並不明顯——許多生物學家推測，多數動物總是隨時面臨生命危險，只有極少數（甚至完全沒有）個體能活到接近其理論上的壽命上限。二十世紀後期，學者針對作了標記的動物個體進行長期研究，並獲得進展，遂釐清錯誤概念；而近半個世紀以來，基因科技如雨後春筍般出現，更可清楚看出拮抗基因多效性如何運作。

其中一種記錄得最詳實的例子，是來自秀麗隱桿線蟲（*Caenorhabditis elegans*）。若你和實驗室生物學家相處過，不管你倆認識多久，都會聽到這種生物。儘管這種生物在基因研究中無所不在，[78]結果人人僅以「*C. elegans*」簡稱，沒有通用的俗名，這似乎

76　原註：pleiotropy，唸法是：py-ot-rop-ee。

77　原註：有趣的是，梅達沃在一九五二年就提出很好的說法，他說「在早期生命中獲得相對小的優勢……可能日後發作的災難性劣勢更重要」，但這話他幾乎只是順口一提，而依據丹尼爾．諾西（Daniel Nussey）與其同僚在二〇一三年於《老化研究評論》（*Ageing Research Reviews*）的說法，梅達沃似乎沒有看出這一點對演化出老化來說是多麼重要的機制。

78　原註：比方說，這是最早擁有完整基因體定序的多細胞生物。

很不公平。秀麗隱桿線蟲只有九百五十九個細胞，[79]夠單純，讓我們在研究基因變化的影響時能有很高的精準度。基因變化中有一種是 *daf-2* 的基因突變，牽涉到細胞表面的胰島素受器形成。一九九三年，加州大學舊金山分校的辛西婭．凱尼恩（Cynthia Kenyon）發現，所謂的 *daf-2* 突變體壽命大幅延長，通常是「野生型」的兩倍以上[80]，主要源於突變型有更好的病原體抵抗力。後來這個實驗室與世界各地的大量研究，在在說明 *daf-2* 突變型雖然壽命變長，代價卻是繁殖率下降，下降幅度大約只落在百分之十八到二十的區間，但是是在蟲子年輕、選擇性最強的時候發生，因此和野生型的兄弟直接競爭時，*daf-2* 突變型會很快落敗。這實驗證據簡潔俐落地例證了拮抗基因多效性（*daf-2* 基因突變有幾種明顯無關的效果）以及梅達沃對於選擇壓力下降的洞見；壽命延長一倍，照理說能綽綽有餘地彌補生殖力下降五分之一的損失，但生殖力是在生命較早發生，因此強化了其衝擊。

生存取捨的代價

另外還有一項假設是解釋演化出老化的成因。這個假設的前提是，雖然沒有特定理由說明為何身體無法永無止境維持下去，然而這樣做的成本很高。這就是「可拋棄體細胞」（disposable soma）[81]老化論。這條理論依循的是以下這條基本推論過程：（一）生殖是適應度的關鍵，（二）生殖很耗費能量，（三）能量付出會受到資源可得性限制，（四）生殖用掉的力氣便無法用以維持體細胞（身體），（五）如果要生殖，則體細胞衰退勢不可免。

「可拋棄體細胞論」似乎在直覺上說明了田鼠與白犀牛之類物種的生命史策略差異（我是隨機挑選兩種物種，還有其他許多物種也是以類似的方式生活）。田鼠壽命大約是一年，雌鼠在這段時間會生下好幾窩幼鼠；相對之下，母的白犀牛可以活上五十年，先是花六、七年的時間成熟，之後每兩、三年生一隻小犀牛。田鼠和犀牛是一個粗略連續體上的兩個極端：快速繁殖、英年早逝，或者緩慢繁殖、安享天年。這個連續體也能以其他取捨來看待，例如「投入繁殖，希望能在被吃掉或病死之前繁衍下去」，或者「投入於防禦掠食者與病原體，這樣就能活得夠久，進行繁殖」。假設其他

79 原註：指的是雌雄同體的形態；若是雄性，則有一千零三十一個細胞。

80 原註：野生型（wild-type）是個形容詞，描述沒有經過操縱（無論是直接的基因介入，或是選擇育種）的基因生物體，通常會當作實驗中的對照組，用來闡述某基因的功能。

81 原註：Soma 就是希臘文的「身體」。

條件相同（也就是沒有人類干預），尋常雌田鼠與尋常母犀牛會分別代換為兩隻田鼠與兩隻犀牛，也就是說無論哪一種策略，都不會絕對勝出。

判斷田鼠或犀牛衰老的相對模式，究竟該以可拋棄體細胞論來解釋，或是以拮抗基因多效性來解釋，恐怕不是那麼簡單明瞭，而且其中之一（或兩者）都可能扮演要角。田鼠是否在某種意義上「決定」趕進度然後英年早逝，其實牠們大可以改變分配能量給身體系統的方式，活得更久一點，放慢繁殖速度（可拋棄體細胞論）？或者牠們的基因體充滿晚期起作用的有害基因，因此沒有選擇，只能盡快繁殖，以免在還沒把該生的幼崽生完之前就死了（拮抗基因多效性）？我們已在秀麗隱桿線蟲看到拮抗基因多效性的證據，不過針對其他物種的基因體，我們尚未取得同等深入的了解。但是可拋棄體細胞論呢？有沒有證據支持它？

我們先想想，證據需要符合哪些條件？一定要有會累積、晚年起作用的有害基因；如果存在於基因體裡，最終是會表現出來的；[82]而壽命上限受到該基因強硬打壓，無法被任何其他變數改變。這樣我們就能觀察與測量。但如果老化的原因只是逐漸磨損，可藉由把能量導向保養而達到某種程度的防護，那麼理論上就不能阻止兩個複製體走上完全不同的道路；其中一個可以照顧自己的身體，並用很長的時間慢慢生下幾十個後代，另一個則孤注一擲，在單一一次耗盡體力的繁殖嘉年華裡生下所有的子代（當然，先決條件是個體擁有能採行彈性策略的基因架構，而且這可不是無關緊要的先決條件——但這裡引人注意的一點在於，如果老化是由有害的基因累積而成，那麼這裡提到的彈性恐怕是不可能存在的——即使擁有適當的架構）。想像一下，有一輛車以時速六十哩前進，那是因為某條道路的速限。或許這輛車在機械層面上是可以開快一點，但光是觀察車速，我們無法判定究竟是否能開更快，因為我們知道，駕駛人受到法律限制，不能開更快。但假設現在這條路銜接到中間有分隔的雙向道，速限提高到七十。如果汽車時速停留在六十，那麼這輛車是否能開更快仍是未知數——駕駛人可能基於其他原因停留在時速六十，例如為了省油——但如果加速到七十，我們就知道答案了：剛剛在另一條路上克制潛能，是因為受到道路速限的限制。因此，為了要辨識可拋棄體細胞式的策略，我們要的是相當於生態學上的可變速度。更精準地來說，我們要找到一種物種，其個體在衰老速度上展現的變化是能呼應環境的。幸運的是，蜜蜂就符合這標準。

82 原註：應該說大概是如此。基因表現其實不是非有即無，可以隨著時間變化，且在同一個體的不同細胞／組織間都可能不同，並受許多內在與外界因子影響。然而，這裡不會特別談細節；說基因素質「相對」難迴避就夠了。

女王蜂產下的卵若未受精，那些卵一定是雄性的，如果是受精的卵，就一定是雌蜂（第六章會詳述）。但這些雌蜂後代接下來的生命會走上什麼樣的道路，這時還沒決定，而且選擇有非常明顯的差異。雌蜂可以變成工蜂，壽命大約是幾週或幾個月；或是成為女王蜂，可活將近十年。然而，這些壽命都是平均值，反映的可能不是不同的衰老速度（以及不同的壽命**潛能**），而是日常生活中相對的危機所造成的。畢竟工蜂努力工作，經常待在外頭，會接觸到掠食者、極端天氣與其他大自然的危機；另一方面，女王蜂一輩子都待在蜂巢，有數以千計的女兒提供食物與防衛。

更能看出跡象的，是觀察每年不同時間出現的工蜂群之間，平均壽命有一致性的差異。大致而言，夏季工蜂大約能活一個月，忙著採集花粉，而冬季工蜂（秋天的蛹變成的）通常能活上四到五倍的時間，過得比較輕鬆，大部分時間都待在蜂巢，直到春天才到外頭覓食。夏季工蜂可能會把大量的精力投入日常活動（覓食、照料幼蟲等等），這在每年此時格外重要，因而投入維護體細胞的力量就少得多（幾乎可說這樣的投入都是浪費，畢竟工蜂往往無法活得夠老就先喪命了）。相對地，冬季蜜蜂的職責就沒那麼繁重，生活也沒那麼危險，可以用不同的方式分配能量，為自己保留一些，得以活到春天。

若是如此，那就會是「彈性老化」（plastic senescence）的例證，也就是並沒有預設的老化速度，而是能夠因應不同環境選擇最佳的老化策略。可拋棄體細胞論就會得到確證。當然，這裡要強調的是「假如」，因為就像女王蜂和工蜂的不同，這些壽命平均差異可能只是來自各群體經歷到的不同風險，而不是衰老速度的變化。想想看，大家常提到在第一次世界大戰時，英國西方戰線的初級軍官預期餘命為六週，這並不是因為他們策略性地將能量從維護體細胞轉而分配給日常活動，完全是無人區另一端發射過來的槍林彈雨和毒氣所造成。

在察覺到這些互相矛盾的解釋之後，阿得雷德大學的傑克．達希瓦（Jack da Silva）從林林總總已發表的研究中，分析詳細的生命史列表，其中包括從數百隻個別標示的蜜蜂取得的數據，用以計算不同組工蜂的「外在死亡率」（extrinsic mortality rate，亦即只計算環境危險所造成的死亡）。取得這些比率的數字之後，達希瓦就能使用數學模式，說明各群體生存率的差異，只有**部分**能歸因於外在因素，有部分則是因為固有的老化速率差異。換言之，蜜蜂會基於其由巢房鑽出的時間點來調整自己的老化，在其一生中以最有效率[83]的方式分配能量。

83 原註：這裡的效率定義，是指對群落的好處。

若沿用戰爭期間的比喻，這就相當於收集一九一四到一八年間英國男子的數據，有些人是在家鄉的工廠，有些人是在戰場濠溝，之後精準計算每個活動的危險程度，計算男性只有職業與環境的差異時的預期壽命，結果發現，**實際測量**到的壽命差異更大。結論會是，除了戰爭引起的死亡之外，還有其他因素也有影響，且在壕溝的男子事實上比在工廠的男子老得更快。[84]

§

該回來看看無尾熊與大象了，現在我們要加入更多細節：無尾熊的牙齒才使用六年（誤差範圍為一年）就開始磨損，而在母無尾熊仍然有繁殖能力時，就已經完全沒有牙齒。相對之下，大象要到四十歲之後才會用到最後一副牙，那時母象的生殖力已開始下滑，牠大可以生完最後一隻小象之後，仍開心地大嚼特嚼。

方才探討過的老化理論能輕易說明無尾熊的牙齒磨損現象。無尾熊的牙齒不耐用或許是來自於某種基因，而這種基因對於其早期生命的生殖有正向影響（拮抗基因多效性）；或者也可說，維護牙齒是一種能量支出，如果從把終生適應度拉到最大的觀點來看，就不是那麼必要了，這個力氣最好投入生殖或其他重要機能（可拋棄體細胞論）。但是大象的情況又不完全能吻合，因為牙齒會開始出現負面影響，其實是在生殖功能已停止之後才發生。換言之，對於任何想當演化生物學家的人來說，奧祕之處不在於大象在仍算健康時就用光牙齒，而是為什麼不是**更早**就用光牙齒。

母系社會

過了生殖黃金期的老年動物，當然也對子代的生存（因而對自己的終生適應度）有重要的影響，最好的例子不用大費周章尋找，看看我們人類自己就行。如果女人在開始停經時就死亡，則其子女和孫輩會承受缺乏照料與缺乏累積智慧的苦頭。對許多人類以外的物種也一樣，尤其是那些過著家族群體生活的物種，過了生殖年齡的年長個體會帶來深刻長遠的正向影響。非洲草原象[85]就是母系社會象群，無論是在各個季節內或季節之間都會經常遷徙，其所居住的環境會發生不規則的大旱。如果最近一場乾

84 原註：這並不是事實。
85 原註：非洲象有兩個不同物種：草原象與森林象，我們會立刻想到的應該是草原象。

旱發生時，最年長的母象尚未出生，那麼象群就會缺乏尋找水源的集體知識，所有成員可能會全數死亡。不僅如此，最年長的母象族長不光是提供地理知識；實驗數據顯示，年齡也關乎精準判斷掠食者的威脅。薩塞克斯大學（University of Sussex）的凱倫・麥康布（Karen McComb）與其同僚曾播放預錄的獅吼給不同象群聽（每一群主導的母象族長年紀並不相同），接著就觀察象群的防禦行為（圍聚起來；暫停並專注聆聽；朝著那聲音前進）。擁有較年長母象的象群，比較可能因應吼叫獅子的數量與性別而正確調整警戒行為，判斷出三隻獅子比一隻要危險，雄獅也比母獅危險。

然而，儘管是有智慧的年長母象，也可能因年歲太高而失去用處。七十歲母象懂的事或許不比六十歲母象多，因此牠的智慧在象群中已經存在。當食物資源稀少時，牠虛長幾歲而累積的少許額外經驗所帶來的適應度邊際效益，很可能低於從更年輕、有生殖力的孫子孫女那裡剝奪充分營養所付出的代價。在這情況下，更可能複製到未來的基因，恐怕不是支持[86]老母象繼續活到超過一百歲的基因，而是其智慧無法再彌補食物需求，因而讓牠死去的基因。直白地說，總有一天，大象的長壽無法再轉換成更多基因遺產，在那時間點之後，大象的牙齒就用完了。適應度的取捨有某種邏輯，但這些都不太能安慰瀕臨餓死的大象。在下一章，我們會看到這種冷血的演算進化，會和看似世界大同的動物利他主義相關。

青春靈藥

在繼續往下談之前，關於老化的故事還有個後記，和水螅屬的淡水水螅有關。水螅屬的個體型態是小小的半透明管狀，其中一端作為附屬的「足部」，另一端則有口部，周圍有一圈觸手（刺絲胞動物門〔*Cnidaria*〕[87]的大部分成員，包括水母、珊瑚、海葵都是這樣——口部也兼作肛門）。水螅可以有性生殖，也可以無性生殖，其中以無性生殖比較常見，並且透過「出芽生殖」（budding）來進行，也就是水螅女兒會從身體的外表長出來，後來剝離成為新的複製個體。

就目前來說，一切似乎還挺正常的（對水螅來說），但如果我們把水螅屬放在實

86 原註：這是過度簡化的說法，但在這脈絡下倒是無妨。有些例子是基因與某些行為或身體特徵有一對一的關係，但這不是常見現象。更常見的是，某種基因的出現，以及與之相關的性狀之間，只有一種機率關係。實際上，特徵通常會由許多基因的集體行為，以及細胞的化學環境所決定。

87 原註：「門」在分類學上的階級比「界」低，比「綱」高，人類是位於脊索動物門（Chordata），也就是有脊椎的動物。Cnidaria 的 C 不發音，別問我那為什麼要放個 C 在這。

驗室幾年，觀察其複製，情況就不會再那麼正常。尤其如果我們小心衡量長期的生殖速度與死亡率，就會看出數據鮮少下降。水螅屬不會老化。加州波莫納學院（Pomona College）的丹尼爾・馬丁尼茲（Daniel Martínez）曾在一九九八年的科學論文中寫出以下說法，但大概是有點太過激動、太忘我了：

> 結果無法看出老化的證據……水螅屬或許確實躲過衰老，甚至有不死的可能。

但我們先別激動。沒有任何水螅是長生不死的——假若馬丁尼茲把一隻實驗樣本從水缸拿出，放在實驗台上一、兩個小時，他自己也會注意到這一點——但是，這大約兩公分半的不起眼生物，確實有很怪很怪的情況發生。後來有一份研究，分析了一個已存活三十年（且持續增加）的大乳突水螅（*Hydra magnipapillata*）群落生存數據，[88]提出的結論是，目前的個體中，有百分之五還能再活上一千四百年。

若身為讀者的你覺得太奇怪了，那麼你並不孤單。水螅的抗老之謎恰如其字面意義那樣——確實就是個謎。但是在我們聳聳肩、繼續前進之前，讓我把究竟是謎在哪裡說個明白。就機制層面來看，我們很清楚這手法是**如何**達成的。為了說明，這裡提供一些背景資訊幫助你了解。你身體的細胞可粗分為四種：體細胞、配子、生殖細胞與幹細胞。**體細胞**就是複雜生物身體的基本所在，是組成組織與器官的單元，且可能受到損傷。體細胞可以修復，但需要成本，而且程度有限。**配子**是有性生殖的生物用來將DNA傳給子代的細胞；在人類身上就是卵或精子。**生殖細胞**是產生配子的細胞，位於生殖腺。**幹細胞**不太容易定義，但可以想成是相當於拼字遊戲（Scrabble）中的空白格子（相對來說，其他細胞則是已經印有字母的格子）。以生物學的說法，幹細胞「尚未分化」（undifferentiated），也就是說，尚未為了特別目的而特化。在任何物種身上，幹細胞其實具有抗老化的特性，但要維護它卻很耗費力氣，因此在複雜的生物（例如人類）身上只占了非常微小的比例，也僅存在於骨髓或血液等部位，功能是新組織的儲存庫。

回到水螅屬身上。正如我所說，水螅很小，而從解剖學的觀點來看，也非常、非常單純——遠比果蠅單純，即使果蠅的大小只有水螅的十分之一。水螅的身體是管狀的（其中一端有幾根觸手，同樣是管狀的），是由兩層細胞所構成。水螅缺乏特定器

88 原註：你可能在想，怎麼沒有聽過大乳突水螅，其實牠和淡水水螅是同一物種。但你大概並沒有在想這問題。

官，細胞種類相對較少，重點是幹細胞的含量比例非常高。現在我要跳過一大堆複雜且艱深的細胞生物知識，把焦點放在最重要的事實：水螅屬的組織是由幹細胞主導，加上其解剖學上的單純，因此讓個體能以奇高的效率再生。水螅屬會持續進行特定的細胞更新過程，受損細胞會被辨識與移除，由附近儲存的幹細胞替代。

水螅似乎能以極少的代價達成這些事，但是對人類或任何其他複雜的生物體來說則不可能。「複雜」正是關鍵字：比較看看兩者的差異，把溫室的玻璃板一片一片換新，以及把皇家亞伯特音樂廳（Royal Albert Hall）的磚塊一個個換新。前者相當簡單，你也會認同這是要持續保養維護的一部分（即使是很大的溫室也一樣）；但是後者則是免談。

然而，組織的複雜度似乎還不是這件事的全貌。幾項不同研究顯示，在實驗室可誘使褐色水螅（*H. oligactis*）老化；[89] 你要做的就只是把水溫從攝氏十八度降到十度。面對忽然間降臨的環境壓力，褐色水螅就不再採用無性生殖，而是轉換成有性生殖。聽起來很熟悉吧？回想一下第三章講過，大型溞大部分時間會行無性生殖，但是在面對病原體的時候就會轉為有性生殖。新環境促使大型溞產生基因異於親代的子代，因為病原體會快速演化，特化成可以感染現有的複製體系。同樣地，溫度變化會對褐色水蝗帶來基因創新的選擇壓力（因此改為有性生殖），因為複製譜系突然處於不利地位。

而顯然褐色水螅從無性轉變成有性生殖時，就開始老化。愛因斯坦醫學院（Albert Einstein College of Medicine）的孫世祥（Shixiang Sun，音譯）與其同僚，監測了這種生殖變化中的基因活化，發現和幹細胞活化有關的基因受到負調控。[90] 那能提出什麼暫時性的結論？老化是有性生殖的副產品。

人性凝視

這個概念或許有其道理，但很可惜，情況沒有那麼簡單。褐色水螅在有性生殖後會老化（通常也會很快死亡），而大乳突水螅不會。有性生殖似乎對後者的超能力沒有影響，這樣說不定有性生殖也不是造成褐色水螅老化的原因。那麼，為何褐色水螅躲不過衰老的黑洞？

或許好答案不難找，但我還沒有開始尋找，因為我不確定到底該不該問這問題。

89 原註：在野外也可以，只是在實驗室比較容易觀察。
90 原註：也就是說，這些基因沒有以平常的速度被解讀與轉錄到相關的蛋白質，等於無效。

聽我說……醫學科學家研究水蝹屬的目的相當簡單，就是要發現與（或）開發抗老科技，但演化生物學家注意這些謎樣的小生物時，態度會稍微謹慎一點，尤其是他們一定要抗拒誘惑，避免以某種方式架構出問題，例如：「為何褐色水螅有性生殖之後，無法持續對抗衰老，但大乳突水螅卻可以？」說不定你還沒看出來，這個問題巧妙地夾帶了一個非常具有人性的假設（醫療人員能任意作出這樣的假設）：延緩老化過程是不證自明的美事一樁。人人都想永保年輕，還有人渴望長生不死。但水螅屬會這樣想嗎？我想要說服你的是，如果移除人類的濾鏡，不老是不是好事，恐怕不得而知。

不妨先思考，水螅屬能夠一個個更新己身的細胞，永無止境下去，那麼究竟能得到什麼？回想一下本章開頭的問題，也就是引介衰老概念時所提到的問題：

為什麼天擇會放棄一個好不容易得來的身體——這個身體撐過了掠食、競爭與各式各樣的困難，也證明自己值得成為繁殖管道，完成基因資訊要求的所有事——然後就放在那邊爛？

這依然是個值得提出的問題。但事實是，為了抵抗老化，個別水螅還是得反覆重建牠那得來不易的身體——只不過是用漸進的方式一點一點進行，而不是透過死亡與繁殖一次完成。牠們仍必須耗費原料與能量，因此水螅屬可說在這議題上完全沒有進展。的確，水螅屬的不死特質應該會讓你想起「忒修斯之船」，在這個思想實驗中，一個人必須判斷，一艘船裡成千上萬的零件，若是在歷經了一段長時間後全都一一更換過，那麼這艘船是否還是原來的船？[91]一隻十歲大的水螅屬真的和九年前的那隻一樣嗎？我不確定。

比「水螅更新」的語義學更值得探討的是，這件事究竟幫助水螅完成了什麼事？我們在此又一次必須保持懷疑。我們在大型溞身上看到的情況，在褐色水螅身上同樣又看到了——在變動的環境下，以不變應萬變未必是個好點子，尤其碰到的變動可能是不利於物種的時候。的確，有個很好的論點是，褐色水螅在不良環境條件下，完成有性生殖後便不會投入精力於維護身體，其實並非這種舉動的成本很高，而只是**報酬**偏低。在有性生殖後擁有無限壽命，可能對水螅屬並不是那麼有用。若從這角度來看，「長生不老」的大乳突水螅的行為才需要解釋。無疑地，這特殊物種能保持細胞更新

91 原註：喜歡情境喜劇《只有傻瓜和馬》（*Only Fools and Horses*）的人可以這麼理解：這概念就和特里格（Trigger）的掃把一樣，乍看之下，他二十年來用的是同一支掃帚，但其實掃帚的每個部位都多次更換過。

的狀態，同時把能量與物質導入配子生產，是相當高明的做法；但同樣似乎可行的是，牠也可以投入**更多資源**在配子，透過有性生殖產生更強的繁殖力，最後也可能獲得較高的終生適應度。

這些都是我自己的猜測，我不知道這些水螅屬當中，究竟哪一種策略比較好（前提是可以比較；比較可能的是每一種都演化出適合特定環境的生命週期，因此沒有哪一種是「贏家」，或者兩者都是贏家——看你要用什麼角度）。我想提出的是，我們不該假設老化是天擇無法修補的問題之一，也很可能是根本沒必要嘗試。想像一下有兩組基因，一種是大型溞個體的基因，另一種則是大乳突水螅的基因，而一年後各會發生什麼事。大型溞的基因（或說基因的拷貝）占有兩個不同的身體——一個是母親，並在六個月後死亡，以及複製的女兒，也就是在母親死亡前一個月誕生。相對地，水螅屬的基因留在同一個個體，度過這一年，這段期間身體的每個細胞都更新了。經過了十二個月，我們還是有兩套基因——大型溞基因與水螅屬基因——這兩組基因都和一年前有一樣的細胞數目。為了走到這一步，那麼基因在這兩種旅程中經歷的差異有意義嗎？我不確定有沒有；水螅屬的「不會老化」似乎就是一連串的無性生殖，只是換了個名稱。這樣的觀察很自然會導向另一點——若從演化與天擇的角度來看，個體的身體並沒有什麼特別之處。

正如第一章所言，生命體通常會被約化成只是一個載具，存在的目的是讓現有的基因持續繁殖，而我們在忍不住思索為何動物尚未演化出長生不老時，應該要記得這一點。簡言之，基因不在乎自己在哪裡，只要還存在某處就好。在下一章，會繼續探討這事實的意義。

第六章

演化的
利他主義與惡意

Altruism and Its Malcontents

如果說有哪條鯨魚懂得厭惡，那麼大白鯨莫比敵就會厭惡亞哈，但厭惡的程度還比不上亞哈對牠的憎恨。

赫曼．梅爾維爾（Hermann Melville）這本奇特的作品，描述捕鯨、自然史與人類脆弱的一面，故事中，裴廓德號的船長決心將僅存的所有力氣，都用來毀滅這隻先前相遇時咬掉他一條腿的動物。亞哈船長不計代價要復仇，犧牲船員的性命也在所不惜。這應該不算爆雷：在《白鯨記》的最後提到，莫比敵飽受折騰又受傷，遂攻擊裴廓德號，在此之前，牠已徹底摧毀幾艘較小的船。只有敘事者以實瑪利活下來，靠著魚叉手魁魁格未使用的棺木漂浮離開。

亞哈向惡意屈服——這個行為是傷害自己，以求能對另一方造成更大傷害。他不是唯一這樣做的人。惡意是眾所熟悉的情感，有大量的心理學資料顯示，人類確實會耽溺其中。舉例來說，社會科學圈經常重提一種知名的實驗，稱為「最後通牒賽局」（Ultimatum Game），這過程中牽涉到A、B兩名參與者，兩人素不相識。研究者給A一筆錢，告訴他要把這筆錢分給B，怎麼分都可以，但不可以商量。B於是有機會接受或拒絕這筆錢。如果B接受，那麼兩人就會獲得A所分配的錢；但如果B拒絕，那麼兩人都收不到錢。在實驗展開之前，兩位參與者都知道規則。

無論一個人對於社會性、公平互惠的看法為何，都可能提出些具體的說法。首先，對A來說，把錢全部占為己有在經濟上是合理的。第二，對B來說，接受總金額中的**任何**一部分在經濟上是合理的，就算百分之一也可以，總比什麼都沒有要好。然而在不同國家與文化中，針對數以百計的對象進行過數十次實驗，發現A通常至少會分享一些錢，而若是金額低於百分之三十，B幾乎總是拒絕接受。

B的行為就是惡意，這點無庸置疑，就像亞哈決定犧牲船員及自己的性命，只為了對白鯨復仇。最後通牒賽局相當清楚凸顯出這種行為的荒謬，但我們依然對於整體概念相當熟悉——也頗能同理不公不義的感覺——惡意本身並不會使我們大驚小怪。不過從科學觀點來看，這偏離了「預期中」的行為，值得進一步探討。幸運的是，心理學家與其他科學家提出過許許多多理論，解釋這在人類社會中的盛行率，大部分研究者的切入點是，老祖宗的環境是要和一小群其他人類一起生活，必須歲歲年年反覆與那些人互動。在這脈絡之下，就值得為「懲罰」付出力氣：如果A類型的行為者與動並不公平，那麼B最好自動承擔小小的個人代價來懲罰A，期盼A以後的反應更具備合作精神。另一種解釋則提出，既然某些商品（尤其是能當貨幣的產品）所代表的財富是種相對概念，重要的就不是你擁有多少，而是你在同儕之間站在哪個位階。工如俗話說「在盲人國度裡，獨眼龍可稱王」，因此在地方性的經濟結構裡——且假設A與B的立足點相同——當B拒絕九比一的分配提議時，可能是出於理性，因為從絕對的觀點來看，接受這個提議能讓雙方都受益，但問題就在於這次成交之後，A會比B富有，表示B其實是損失，而不是獲利。

若以這種方式來看，惡意就是策略性的，有智慧的社會性動物會採用，可更進一步提升自己的利益。但這話並不那麼全面，因為惡意並不是人類獨有的性狀，就連在缺乏大腦的生物中也可能演化出來。若想了解這是怎麼發生，我們得先理解與之相反的現象，也就是利他主義——而利他主義也生出另一種大逆不道的不肖子——而在這之前，我們得重新探討適應度的概念。

——§——

到目前為止，本書已定義過「適應度」，也就是實際或潛在的終生生殖成功率（只有一個例外，後文很快會回來探討）。要衡量的最簡單方式，就是一個個體繁衍的直系後代數量，不過再精細一點，會讓這數字更有意義。舉例來說，有一種魚看起來巨大笨拙，宛如壓扁的行星，稱為翻車魚（ocean sunfish，或稱翻車魨，英文俗名直譯為「海洋太陽魚」）[92]，可重達一點五公噸，雌魚一生可產下十億顆卵，而相對之下，體型同樣龐大的雌太平洋海象一輩子不太可能生超過二十頭小海象。既然我們和翻車魚或海象的關係足夠遙遠，所以大可以安全而不帶偏見的推論，從長期來看，這兩種物種的雌性所產下的後代，大約有兩隻能存活到成功繁衍下去的年齡。因此，適應度更好的定義應該是「能成功活到生殖年齡的子代數量」。

翻車魚與海象的預期生存率有巨大差異，背後的終極理由已經屬於另一本書的探討範圍，[93]但我們可以確定的是，最大近因之一是親代對子代個體的潛在投入並不相同。簡言之，海象會照顧自己的小海象，但是翻車魚產完卵後就不管了。有些哺乳類甚至會照顧子代的子代（這一點似乎是哺乳類獨有的特徵）。前面幾頁才談到，年長母象族長為了把自己的適應度拉到最大，最好的方式或許是讓牙齒掉光餓死，而不是活下去，傳遞現已存在於象群其他地方的知識；這麼一來，牠就會留下更多可使用的資

92 原註：翻車魚（*Mola mola*）有時候英文俗名就只稱為「mola」，是世上最大的硬骨魚類（亦即非軟骨魚類）。

93 原註：你可以先用你偏好的網際網路搜尋引擎，鍵入「life history theory」、「生活史理論」）。維基百科的條目就很不錯了。

源給孫子，也就是群體中最脆弱的成員。雖然這行為不是刻意為之（或甚至並非有意識的），牠其實是犧牲自己生下更多子代的可能（即使從年齡來看，也幾乎是不可能），而在未來取得的潛在適應度，反而是幫助親戚。你可能覺得這想法不足為奇，或許是因為你早就在直覺上以達爾文的方式在思考，或更有可能的是，這種隔代照料對人類來說很熟悉。但讓我們說明白：當年長母象付出很大的個人代價以幫助自己的孫子時，我們**不能**說這帶給牠任何我們定義過的適應度。就我們使用「適應度」這個詞的方式，或許更適合稱之為「直接」適應度，但還有另一種適應度，也就是這年長母象得到的。但是在進一步探討之前，或許可看個比喻。

小馬與郵政

在一八六〇年，要從密蘇里州寄信到加州，最快的辦法是靠著騎士騎在馬背上送件——更精準來說，是騎在小型馬的馬背。「小馬快遞」（Pony Express）在那一年的四月成立，途中設立一百九十個小站，讓騎士更換小馬，大約每十哩就把精疲力竭的馬換成另一匹精力旺盛的馬。騎士則夜以繼日地前進，大約每七十五哩換人。這麼一來，一千九百哩的旅程可能在七天就完成。[94]這路途相當危險，原因之一是要穿越派尤特人的部落，他們對於白人擴張地盤很憤怒，會攻擊這一區的白人聚落與旅人。

小馬快遞這項事業最後失敗了，原因是它才開始兩年，跨大陸電報就加入戰局。不過，小馬快遞依然可為生物及其基因之間的關係提供有用的比喻。在這裡，小馬代表的是個體，具體而言是個體所構成的連續幾個世代的譜系，而郵件袋則代表其所攜帶的基因（且一個個傳遞下去）。這個系統最接近無性生殖譜系——比方說，水螅屬以出芽生殖愉快地讓水螅女兒剝離——但也很能用來比喻有性生殖的物種。的確，我想要強調的並不是個體之間的轉交性質，而是小型馬背上的郵袋才是最重要的；沒有顧客會很在乎（或甚至知道）這過程中動用到多少馬匹，或者在旅程中如何分配，只要信件與電報從聖約瑟夫市（St. Joseph）送到沙加緬度（Sacramento）就皆大歡喜。

同樣地，基因的優先性也高過於個體，因為能跨世代生存的並不是個體，而是基因——包括基因造成、呈現在個體身上的性狀。我們已經習慣這種說法：「有X性狀基因的個體，會比有Y性狀基因的個體產生更多後代，所以有X性狀的個體通常會興

94 原註：平均數值應該是十到十二天。

旺。」但這是點到為止的說法，重點是那些**個體**仍會死去，而生存下來並興旺繁盛的是**基因**，且由全新的個體延續下去。天擇仍然直接作用在個體上，但由於個體的生存有如曇花一現，這過程終究是為了決定基因[95]長期下來的相對頻率。

當然，既然透過天擇的演化沒有目的或目標，因此我使用的比喻當中，沒有明顯和小馬快遞的顧客相等的東西。不過，我們可以用「後代」替換需要滿足的實體，就能好好比較（只要我們記住，後代〔或任何其他獎賞〕其實並非基因所**尋求**的東西；只不過，能自助的基因才是會有後代的基因）。於是，滿意的顧客等待信件從國家的另一端靠著小馬接連運送而來，而後代等待著基因，那些基因設法透過個體串成的連續鏈，傳遞到未來。

小馬快遞的主管若想提高郵件送達加州的機率，或許可以指示一些較強壯的騎士與馬匹，陪伴剛被交付郵件袋的騎士，在幾哩長的路上提供額外協助，或許是幫忙渡過湍急的河流，或是增加人數以抵抗派尤特人的攻擊。他們可能會繼續支援接下來的騎士。這就是父母親（與祖父母）照料的直接比喻。

我們可以進一步延伸這個比喻。想像一下，假設小馬快遞不只有一條驛站路線橫跨這個國家，而是有兩條這樣的路線在運作，彼此平行，或許中間相隔幾哩，兩條線的騎士攜帶著同樣的郵件。現在騎士有**兩種**方式可確保在跑完自己的路程後，能使顧客滿意：要不是支援自己這條路上的下一個騎士，要不就是跨越到另一條路線，支持另一條路線的某個人。有時候，他[96]甚至會更激烈一點。究其原因，可能是他判斷無法走完自己的路程（也許是路況不佳），於是捨棄自己的任務，拋棄沉重郵件包裹，穿越到另一條路線，確保在平行路線面對險惡環境的騎士能抵達下一站。第一個騎士必須犧牲他本來可寄送自己郵件的任何機會，以提高另一條路線的成功率。他自己的路線沒救了，那個特定的郵袋永遠無法送達，但另一個**內容一模一樣**的郵袋現在更可能送達，因此顧客依然會滿意。

若以基因和生物的語言重新描述這動作，那麼換路線就代表其中一個個體的基因迫使個體做出這種行為，以嘉惠另一個攜帶那種基因拷貝的個體。這在性質上和親代的照料一樣，唯一的差異（我們之後會看到，只有量化的影響）是接受者並不是直屬子代，而可能是手足或家族同輩——實際上就是任何有相同基因拷貝的個體。這個「幫手」個體承擔沒有獎賞的代價，但正如我們所言，基因比個體更重要，最常見的基因

95 原註：更正確的說法是對偶基因（基因變體）的頻率；不同的基因通常不會彼此競爭，但是相同基因的不同版本會。

96 原註：小馬快遞沒有女騎士的紀錄。

會在在世上帶來影響，以促成本身拷貝存活；而這基因的影響力與後續效益是否發生在相同的生物個體並不重要——這個基因同樣會受到天擇的嘉惠。從基因的觀點來看，個體A付出代價來協助個體B，或是個體B付出代價來自我協助，兩者之間沒有差異，只要都有那個基因的拷貝即可。

若使用比較生物性的術語，這幫手投入能量與（或）時間，因而失去某程度的**直接**適應度，然而這些能量與時間原本是要投入自身的繁殖。不過，幫手獲得**非直接**適應度，因為幫手促成其他擁有相同基因的個體，提高適應度。整體來看，直接與非直接適應度構成了個體的「整體適應度」（inclusive fitness）。

這就是「親屬選擇」（kin selection）背後的理論，可以援引來解釋自然界中利他主義為何盛行。之前提過，親職對我們人類來說是夠熟悉的概念了，不需要演化上的解釋來幫助我們了解，但其他現象往往就不那麼符合直覺。動物示警鳴叫在這一點尤其有用。在社會性的物種當中，掠食者突然出現時，會引起示警叫聲是很常見的現象——在某些情況下，還會視掠食者種類而有特定叫聲。顯然，對於群體多數成員來說，聽到呼叫聲是有利的，能爭取時間採取逃遁行為，但是對於發出叫聲的個體來說，效益就不那麼明顯。舉例來說，地松鼠在瞥見郊狼時，發出聲音的那隻會比沒發出聲音的更容易遭受攻擊，理由很簡單：牠讓自己變得更顯眼。這對群體來說有益，對個體有害。乍看之下，這種行為會立刻被天擇過濾掉，因為有這種傾向的個體，會在幫助他人時讓自己身處險境，可能無法留下許多後代。因此示警鳴叫對生物學家來說，成為某種難題，但是親屬選擇理論提供了機制，說明這樣的行為在演化上是有道理的。[97]

漢彌爾頓法則與霍爾丹的兄弟

一九六〇年代初期，英國生物學家威廉・唐納・漢彌爾頓（W.D. Hamilton）建立起目前關於親屬選擇的思考架構。[98] 他提出一項公式並設定條件，在這條件下，造成利他

97 原註：我應該指出，親屬選擇只是個貌似可信的機制；示警者製造聲音，許多時候仍是完全出於自私。思考一下，群鳥在曠野覓食。其中一隻看見掠食者，因此很自然想要離開曠野，飛到樹上。但如果這樣，牠自己就會引來掠食者注意。最佳的選擇是發出示警叫聲，讓其他鳥也能飛到更安全的地方；這麼一來，這些鳥就會：（一）在比較安全的地方，以及（二）比起獨自飛行，一起飛也不那麼顯眼。當然，鳴叫的好處可能會因為鳴叫動作本身太顯眼，因而被抵銷。「正確」的策略因此得視脈絡而定。

98 原註：漢彌爾頓並未稱之為「親屬選擇」，這個詞是後來才有人使用。他也不是第一個明白，如果利他行為是用在行為者的近親身上，利他的基因便可能擴散到整個族群。羅納德・愛爾默・費雪（R.A. Fisher）與霍爾丹兩人都在一九三〇年代提出數學公式，描述這個過程。不過，漢彌爾頓的公式依然成為主流。

行為的基因一旦出現利他行為之後，就能大量繁衍。這項稱為「漢彌爾頓法則」的等式[99]很簡單，描述從利他行為中，代價／C（cost）與好處／B（benefit）產生的平衡。想想看，有個個體具備一種基因，會使其行為有利其他個體，其他個體可能和牠有一樣的基因，也可能沒有。其中的代價就是利他行為者所損失的大大小小**直接**適應度，而好處就是透過強化接受者的（直接）適應度，從中獲得**非直接**適應度。由於好處要能累積，只能靠著接受者確實擁有基因拷貝，因此必須乘以 *r*，*r* 代表的是「關係係數」，可提供一個估計值，說明協助者的基因在接受者身上也出現的機率。漢彌爾頓法則估計，如果 *r*B 大於 C，也就是對個體而言，可能實現的好處大於代價，這麼一來，天擇應該嘉惠這種基因的繁殖。極端的例子是，一個個體犧牲自己的性命，挽救三名親戚，可能是挽救牠們免於遭到掠食者攻擊，或避免牠們在河中淪為波臣。只要那些親戚中，至少有兩個擁有促使挽救者展現這種行為的基因，那麼「挽救者」的基因就把一個拷貝變成兩個以上的拷貝，因而延長了自己的存續期。

這個過程就在演化生物學家理查·道金斯的著作《自私的基因》（*The Selfish Gene*）成為核心概念，此書的書名就暗示著，我們不必訝異動物個體可能有無私行為，因為「人不為己，天誅地滅」的生命競賽，其實主要由基因來直接進行，而非個體。當然

99 原註：更正確的說法是一種「不等式」，因為這條公式裡面有「大於」符號，而不是「等於」的符號。

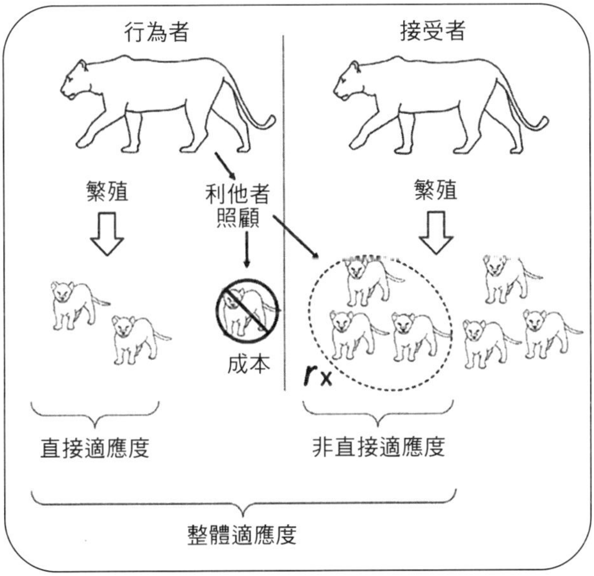

基因的行為彷彿是自私的，但這不表示**個體**總是自私。的確，一旦把整體適應度納入考量，個體的利他行為可能與應是無情冷酷的達爾文世界觀完全相容；基因的自利行為大可以轉譯成它恰好寄居的生命體所展現的無私行為。

在這個階段，我們需要增加一、兩個細節來說明，畢竟親屬選擇廣泛受到誤解，有時就連科學教科書的作者也沒能免俗。第一個要說明的和 r 相關，以及親緣具有什麼意義。有一點很重要：r 並**不等於**幫助者與接受者共享的基因數量；畢竟，利用任何合理的計算方式，都會發現所有人類和所有黑猩猩的基因幾乎一樣（說起來，和所有萵苣擁有相同基因的比例也相當高），而在這些物種的互動歷史中，卻只有那麼一丁點和諧友好的時刻。相對地，焦點應該是任何特定、單一的基因，可能讓擁有該基因的人展現出利他之舉。帶有這基因者若對其他同樣帶有這基因的個體展現利他行為（也就是能滿足漢彌爾頓法則的脈絡下），那麼這個基因就能受惠。要演化出這性狀，那些個體絕對**不需要**有親戚關係。為了說明這一點，演化理論學家會提到假設的「綠鬍子效應」：[100] 如果綠鬍子基因在人類身上出現，帶有基因的人會（一）長出綠鬍子，以及（二）偏好幫助其他綠鬍子。綠鬍子很顯而易見，且通常不是由其他任何因素造成，表示很容易辨識，不太可能有偽陽性或偽陰性，因此這個基因就能相當成功。在大自然，甚至有幾個範例和綠鬍子基因差不多，[101] 證明親緣其實並不重要；利他者基本上只需要對其他有高機率具備那個相同基因的他者展現善意。

然而——很重要的「然而」——因為基因是天生傳承的，親屬關係（kinship，也就是個體之間的關係多麼親密）通常可以有效預測出這種可能性；因為你的任何稀有基因（從定義來看，首要的罕見基因便是剛出現的基因），都更可能在你的姊妹身上找到，而不是隨機挑選的陌生人。因此，用來計算 r 的等式是在計算兩種相似度之間的比例，其中一個相似度是幫助者與接受者的整體基因相似度，另一個則是幫助者與整體族群的基因相似度——換言之，就是兩個個體共同基因的比例，**相對於從群體中隨機挑選的兩個陌生人且擁有共同基因的比例**。然而要說清楚的是，雖然 r 用來衡量親緣，但會使用 r 並**不是**因為親緣很重要，而是因為親緣通常會與共有某個基因的機率高度**相關**。比方說，在有性生殖的物種當中，同卵雙胞胎的 r 是一，親生手足是零點五，親子是零點五，擁有共同（外）祖父母的堂表親是零點一二五（亦即八分之一），

100 原註：整體概念是來自於漢彌爾頓；理查·道金斯在《自私的基因》中指出，綠鬍子性狀是堪為範例的一個選項

101 原註：紅火蟻（*Solenopsis invicta*）就是例子，工蟻特定的對偶基因會讓牠們殺了缺少這基因的蟻后。這行為和親緣無關，而顯然是有效分辨對方是否帶有這對偶基因後，所作出的決定。

正因如此，有人問霍爾丹是否願意為兄弟犧牲生命時，他曾打趣說道：「我願意為兩個兄弟或八個堂表親犧牲生命。」[102]

有個相關的議題是「親緣辨識」（kin recognition）。這個理論**不是**要求親屬要能辨識出其他擁有這項基因的成員，或是明白計算出親緣程度。相反地，這項基因會促成基因攜帶者表現得**彷彿**他們了解親緣性。這對於社會性物種來說不算很難，因為社會性生物可遵循簡單的經驗法則，例如「對於住在同一窩的個體要秉持利他原則」，或者甚至「依照個體與你的熟悉程度，而對牠們展現不同程度的無私行為」。這種捷思法在許多情況下會變成類似親緣辨識的極佳能力，在社會性群體構成的家庭單位（通常就是如此）尤其明顯。當霍爾丹說，他會為八個堂表親冒生命危險時，並不是說自己（或任何其他生物）確實會數算河中有幾個快要溺斃的堂表親從眼前漂過，之後才跳下去救，而是基因若讓其攜帶者如此表現，無論這行為如何傳達出來，只要代價與好處互相抵銷後仍是正數，都有機會大量繁衍。

（更廣泛而言，要了解個體行為，需要牽涉到似乎相當複雜的計算，這一點並不誇張——即使個體不可能真的在計算數學。畢竟，如果有一顆網球從空中朝我們飛來，沒有多少人能立刻使用數學算式來估算出風阻力的拋物線，但我們多數都還是能接到球。大腦無疑會做些工作，約略估算出球接近我們時會落在哪個位置，但我們可以假肯定地推測，這並不是學問高深的力學計算。）

順帶一提，基因是透過捷思法來運作，而不是明確計算另一個個體也帶有基因拷貝的機率，這項事實表示，基因即使不再稀有，依然可以在群體中擴散開來。什麼意思？嗯，剛說過，我和妹妹之間的 *r* 值（零點五）是個很不錯的估計值，說明我帶有的基因而她也有的機率。然而這只適用於極罕見的基因，若是常見的基因，她也有拷貝的可能性遠高於零點五（這數字是假定只有父親或母親擁有這個基因，這單純是因為從父或母的同一方承襲來的拷貝；而常見基因可能是承襲自父母雙方）。的確，有許多基因絕對是人人都有份。當你也思考利他基因若真能帶來利益，會在群體中快速擴散時，請記住這一點。因此照理來說，利他基因也會變得相當常見。若依照這套邏輯，就能看出以親緣為基礎的利他主義會消失，由普遍性的利他主義取代，因為你可能幫助任何人，卻仍然得到相同的非直接適應度（既然與你無親緣的人比和你有親緣的人

102 原註：我深深期盼多少能有讀者反駁他。假如霍爾丹付出的適應度代價，會等於各兄弟得到的適應度好處，那麼並未滿足漢彌爾頓法則，因為rB應該要大於C才對，而不只是「等於」C。當然，我們應該對他寬容一點，因為（一）他是在油嘴滑舌，而且（二）早在漢彌爾頓提出不平等式的幾年前，他就已提出這種說法。

還多，從普遍性的利他主義取得非直接適應度的機會無疑會更多）。不過，這情況並未發生，因為這基因啟動的前提是讓持有這種基因的個體，先使用「善待巢友」之類的捷思法。這正是會在族群中擴散的行為。這個意思是，舉例來說，所有的地鼠都有相同的利他基因，但是還是只會對近親表達利他行為，而**不是**對所有帶有這種基因的地鼠都表達利他行為。

§

談完利他主義的基本概念，現在要繼續談談明顯相反的情況——惡意。然而，這就得要粉飾利他主義的陰暗面，因為利他主義這種特徵的演進，不僅僅是合作與同志情誼的正面故事。視角決定一切；我們會發現，基因的首要性會造成利益衝突，會讓個體被棄如敝屣，但是基因卻向前遠颺。不僅如此，某個物種的利他主義機制，也可能受到濫用而變成另一物種的優勢；合作出現了，欺騙也會出現。

這時，杜鵑鳥又上場了。

捷思法與親緣駭客

我們在第二章談過杜鵑鳥與宿主之間的演化之爭：杜鵑鳥如何在成年時必須變得像北雀鷹，而產下的蛋也要模仿其所寄生的物種，同時，不甘願又不知情的養父母則得費盡千辛萬苦，鍛鍊自己的辨別能力。然而，要不是有利他基因（尤其是親代撫育子代的基因），致使鳥類利用捷思法（經驗法則）來衡量親屬關係模式，否則這一切都不會發生。顯然葦鶯對於雛鳥該是什麼模樣絲毫沒有概念，也完全無法判斷親緣，只能運用「在巢裡就餵」的經驗法則。杜鵑當然喜不自禁，善加利用這樣的無知。

杜鵑絕對不是唯一駭入其他物種親緣捷思法的物種。螞蟻（稍後會解釋）有一種基因結構，使牠們格外適合演化而生的利他行為，蟻群的個體會密切相連，一心一意關注蟻后的福祉，因此我們把蟻穴視為是單一超級生物，其實挺有道理。但就像其他社會性動物，沒有螞蟻確實理解親緣關係，也沒有萬無一失的方法來分辨親緣與非親緣之間的差異。不過，牠們會利用化學與聽覺訊號識別蟻群的成員，分辨巢友之間不同的職級，以及辨識出入侵者。比起葦鶯使用的機制，這些訊號是複雜得多的親緣辨識機制，但其他物種依然可以模仿。的確，研究人員認為，有上萬種節肢動物會設法以哄騙的方式進入安全的蟻窩，好避開外界飢餓的掠食者。接著，我們就只挑一種來進一步探究。

雌白灰蝶（*Phengaris alcon*）會在沼澤龍膽（marsh gentian，一種會開藍色花朵的美麗植物）上頭產卵，之後便遺棄這些卵，隨它們聽天由命。但或許上天慈悲，因為孵化出來的毛毛蟲會先吃上一陣子龍膽，不久之後就會開始排出和紅蟻屬幾種幼蟲很類似的化學物質。在偵測到這種於空氣中傳播的訊號之後，紅蟻就會盡責地出去挽救亂跑的幼蟲，把牠們帶回巢裡，放到常見的孵育房中開始餵養。毛毛蟲在這裡最多可待上兩年，直到從蛹羽化之後才離開。

昆蟲學家稱此為「杜鵑策略」，但是沿用這種做法的不僅僅有白灰蝶，胡麻白灰蝶（*P. teleius*）也是如此展開生命，在早期的毛毛蟲階段是吃植物（這回是吃地榆〔*Sanguisorba officinalis*〕），之後發出訊號給螞蟻，要螞蟻過來帶牠回蟻窩。然而，胡麻白灰蝶不會乖乖等待餵食，而是直接攻擊在蟻窩發現的螞蟻幼蟲，把牠們吃掉。

不出意料，螞蟻宿主也會回應這些白灰蝶屬的威脅，展開演化軍備競賽。哥本哈根大學的大衛・納許（David Nash）與其同僚，比較了丹麥兩個不同地區的紅蟻群落幼蟲表皮的碳氫化合物化學成分概況：其中一種是白灰蝶有出現（也感染了焦點群落），另一個群落則沒有白灰蝶。在完全沒有被寄生的區域，雖然個別的位置相隔很遠，化學成分概況卻很類似。然而在被寄生的區域，涵蓋了同樣大的地理範圍，卻有三個地點出現截然不同的化學成分概況，表示有很強的選擇壓力，使得紅蟻幼蟲表皮化學物質改變，以回應寄生現象。[103]

白灰蝶屬的模仿技巧背後有個令人驚訝的轉折：雖然宿主蟻似乎無法察覺到關於寄生毛蟲的特殊之處，但是，有一種會寄生的蝶寄生姬蜂（*Ichneumon eumerus*）卻沒有這種問題。這種雌姬蜂會在謝氏紅蟻（*M. schencki*）生活的高山草原巡飛，一旦發現蟻群，就會停下來進一步調查。和螞蟻不同，姬蜂似乎在外頭就可分辨蟻窩內是否有秀麗白灰蝶（*P. rebeli*）的幼蟲藏匿，如果有，就會鑽進蟻窩內。這時牠們會被工蟻攻擊，但是寄生蜂會釋放出複雜的費洛蒙，導致蟻群突然發生混亂的內戰，只顧著彼此對戰，於是寄生蜂便能混進孵育室。到了那邊，就會在每個能找到的毛蟲體內產卵，之後就像剛開始進入時那樣隨興離開。一旦寄生蜂的幼蟲孵出之後，就會從裡頭吃掉毛蟲，

103 原註：據我所知，並沒有任何研究說明模仿聲音也引起了演化反應，但這種情況似乎無可避免。

完成羽化，之後釋放出相同的化學物質，再度造成相同的混亂，然後悠哉逃到外面。螞蟻被捲入其敵人以及敵人的敵人之間的爾虞我詐，在最後一隻姬蜂離去後，或許還會彼此打上幾個星期。

狼來了沒？

在社會性物種之間，破解用來估測親緣關係的密碼，並非唯一一種利用利他行為的方法；這項行為本身就是能被輕易挾持，讓騙子得利。在這些奸詐狡猾的騙子當中，叉尾卷尾鳥（fork-tailed drongo）又是箇中高手。叉尾卷尾鳥和鶇差不多大，有長尾巴和純黑色羽毛，生活在撒哈拉以南的非洲，稱得上為所欲為。牠們雖然能自己覓食，但還是經常尾隨著其他小型掠食者，趁機追捕被趕出來的昆蟲，有時候甚至直接竊取別人的戰利品。後一種行為在口語上稱為海盜行為，而生物學界則稱為「盜食寄生」（kleptoparasitism）。這個字的根源就和竊盜癖（kleptomania）一樣，指的是無法克制的偷竊衝動，在自然界很稀鬆平常。海鳥中的賊鷗家族便專精此道，有些成員幾乎什麼都不做，只顧著騷擾海鷗、燕鷗、塘鵝與其他食魚動物，直到牠們拋下好不容易得來的漁獲。雖然叉尾卷尾鳥不比這種隨意的搶劫行為高尚到哪去，卻也更老練一點。

叉尾卷尾鳥通常是獨行俠，意思是不會想和其他叉尾卷尾鳥作伴，但卻會與四處遊蕩的斑鶇鶥（pied babbler）鳥群建立若即若離的關係。斑鶇鶥體型略大，主要以昆蟲為食，會以輪班站哨的方式防禦掠食者，如果哨兵發出警告叫聲，鳥群中的其他成員會飛過來掩護。之前提過，這種叫聲可能會對發出鳴叫的鳥帶來風險，引來掠食者注意。一般來說，牠們通常會因為這舉動而失去直接適應度，卻能透過大量親緣的保護，獲得非直接適應度。目前為止都很正常。不過，獨來獨往的叉尾卷尾鳥偶爾也會擔任斑鶇鶥群體的哨兵，而斑鶇鶥也會回應叉尾卷尾鳥的警告鳴叫。看起來相處得挺融洽吧！

然而，根據我們對親屬選擇的了解，我們是該起疑心。對叉尾卷尾鳥而言，此舉並不會帶來非直接適應度，因為牠不會把利他基因分享給斑鶇鶥，那這樣能獲得什麼呢？在我們跳到結論之前，至少有個無害的解釋，也就是斑鶇鶥會回報恩惠。這樣的話，就只是彼此互惠的原則，通常稱為「互惠利他主義」（reciprocal altruism）——不過利他主義代表無私，加上「互惠」這個修飾語，反而導致這個詞有點矛盾。「回報」（reciprocation）會是好得多的標籤。人類經常會回報——正如俗諺說魚幫水，水幫魚——且做到極致。但並不是只有人類知道，幫助沒有親緣關係的個體是值得的，只要知道日後總有足夠的機率，會輪到那些我們曾給予幫助的人給我們幫助。這種機制可以解釋叉尾卷尾鳥與斑鶇鶥最初如何產生互動，但是對斑鶇鶥來說很遺憾，因為後來就不是這樣了。叉尾卷尾鳥確實拿回了一些東西，只不過，斑鶇鶥可不是自願給予的。

原來，雖然叉尾卷尾鳥在站哨時的眼睛和斑鶇鶥一樣銳利，看到掠食者接近時當然也會叫，但就算沒有掠食者，牠們有時也會叫。斑鶇鶥會衝過來掩護，拋棄原本可能吃到一半的東西，這時叉尾卷尾鳥就會衝過去偷吃。這種盜食寄生是故意詐騙，諷刺的是，這種行為是仰賴著斑鶇鶥相當聰明。比方說，牠們學到其他物種所發出的聲音可能代表著掠食者出現，這麼一來就有必要回應，彷彿是聽見同伴的示警鳴叫聲一樣。不過，在叉尾卷尾鳥現身後所帶來的新情況下，聽從示警聲可能不是好點子；不光是浪費力氣去找掩護，也有食物被叉尾卷尾鳥偷走的風險。

由於天擇的雙方交鋒，不意外地，事情通常不會在這裡結束。斑鶇鶥未必總是這麼容易被騙；在〈狼來了〉故事中，太常發出假警告的人會失去村民的信賴，這情況也在非洲莽原上的叉尾卷尾鳥太常鳴叫時發生。斑鶇鶥很清楚叉尾卷尾鳥撒謊的可能性，因此會小心選擇必須留意的時機。大群的斑鶇鶥通常會忽視叉尾卷尾鳥的警告，選擇信賴自己的哨兵，也經常會把叉尾卷尾鳥趕跑。但是對小型群體來說，哨兵的任務就會變得太艱鉅，每隻個體都必須花上更高比例的時間查看是否有掠食者出現，而不是覓食。在這種情況下，通常值得牠們忍受一些偷偷摸摸的手法，只要能避免戒備時所提高的代價。

由此觀之，斑鶇鶥並沒有被騙，明知道叉尾卷尾鳥可能在欺哄瞞騙自己，便乾脆兩面押注，從兩個不完美的選擇中挑選較好的一個。斑鶇鶥也會觀察叉尾卷尾鳥的警示鳴叫模式，以提高自己的勝率，舉例來說，如果才發生過虛假的警示鳴叫，之後又緊接著發生，那麼斑鶇鶥就比較不會回應。這麼一來，叉尾卷尾鳥就得克制使用這招數的次數，以免失效。然而，叉尾卷尾鳥還是暗留一手，而且這招相當有用。

湯姆．弗羅爾（Tom Flower）與同事研究過喀拉哈里沙漠的叉尾卷尾鳥，並記錄到五十一種版本的掠食者警告鳴叫（有隻鳥會三十二種叫法）。這麼多種叫聲中，只有六種是叉尾卷尾鳥自己的叫法，剩餘的都是模仿其他物種的警告聲。這種聲音上的精湛技藝表示，若叉尾卷尾鳥認為斑鶇鶥起了戒心，那改個聲音就是了：例如之前尚未嘗試過的叫聲、斑鶇鶥本身的鳴叫、輝椋鳥叫聲——什麼都試試看，讓騙局延續下去。這招果然有用：斑鶇鶥比較可能回應模仿輝椋鳥或斑鶇鶥的叫聲，而不是叉尾卷尾鳥獨有的叫聲。倘若叉尾卷尾鳥在發出連續警告聲的過程中改變叫聲，斑鶇鶥也比較有可能回應。這項研究多半著重於叉尾卷尾鳥與斑鶇鶥的互動，但是叉尾卷尾鳥也會把目標鎖定在其他物種，展開盜食寄生。研究者發現，叉尾卷尾鳥知道要模仿什麼叫聲，牠們更可能使用剛好被牠們鎖定的鳥種叫聲，而不是使用其他鳥種的叫聲。目前這些受害者似乎還搞不清楚是怎麼回事，而當叉尾卷尾鳥出現時，受害者選擇的反應（大部分時間很有用），通常會以午餐為代價。

勉強為善

前文兩個段落中，我們已看到利他行為促成非直接適應度的機制，可能因為其他物種而脫離正軌，遭到盜用。然而這不是說，利他主義如果完美成功執行，就不會有誰受傷害。我們或許太容易以人類的觀點看待利他行為，認為幫助他人是件好事，會帶來滿足感。我們為何要支持家人度過困難時光？因為我們愛他們。我希望不會過度簡化或是冷嘲熱諷，我想強調的是，任何個體在幫助他人時的「代價」，往往會伴隨著愉悅的感受，從而轉變成為一種激勵機制。因此即使我們確實不太喜歡上醫院探病，或者照顧年老的父母，但我們還是會**想要**這樣做。這在生物學上是有道理的；畢竟要能讓基因延續下去，有個好辦法是讓帶有基因者每回做出有助於使基因更普遍的行為時，都會有獲得獎勵之感。比方說，為何性行為能讓人享受？理由無他：讓你這樣想會符合基因的利益。如果這樣看來，利他，在人類社會依然會視之為美德（並且很有用），也不是沉重的負擔；我們**享受**利他。那未必是直觀的滿足感。

道金斯在《盲眼鐘錶匠》指出，導致獅子牙齒不好的基因，會促使獅子分享肉；有這種基因的個體會發現，霸占獨吞動物屍體更不容易。他說，這個基因怎麼看都是利他基因，透過親屬選擇而獲得利益，就和地松鼠或斑鶇鶥的示警鳴叫基因一樣。這項觀察也很能應用在前一章談及的母象族長。對牠自己來說，逐漸餓死是很沉重的代價——或許不是直接適應度的問題，因為牠不太可能再生出小象，但依然會有身心方面的折磨。從母象痛苦中受惠的基因，卻並未給予牠任何回報——無法激發腦內啡來幫她忽視胃痛，也不會有血清素湧入她的大腦，讓牠因為自己「在旱季時把稀少葉子讓給其他親族後代食用」的舉動而感到慰藉。[104] 這看起來絕對像利他主義，卻是強加在牠身上的，且

104 原註：我承認這是推測。如果發現大象能夠從家庭成員的力氣中獲得滿足感，也不會太令人感到驚訝；我們知道大象在家族成員死亡時會哀悼。然而，這都無法減損我的基本論點，亦即這種利他主義和牽涉到「白願」犧牲的型態大不相同。

沒有回報或補償。

促成人類照料孩子的利他主義經過演化，我們可用另一種（可說恰好相反的）方式去看待，亦即往後退很大一步，與理論上的其他選擇加以比較，也就是人人平等照料彼此。先不論政治聯想（例如共產主義路線無數悲慘的社會實驗），我不認為將自己的孩子放在優先並犧牲其他孩子的舉動，會比較符合道德標準，無論財富差異為何。舉例來說，西方有錢人會為自家孩子提供私校教育、國外度假、健康飲食與昂貴的電子設備，卻未必會考慮捐點錢給非洲蒙巴薩的孩子——那些孩子在掩埋場的有毒廢棄物中，努力挑出可以賣的廢金屬。這樣的父母之愛會比較值得稱讚嗎？我會說，很難。

我還想提出進一步主張——雖然頗有我通常會請讀者要避免的人類主義色彩。聲明這一點之後，我就單純提出我的理由，剩下的由看官您來決定。這和蟻、蜂、白蟻與其他物種有關，牠們都展現出利他行為的極致——「真社會性」（eusociality）。這是社會生活的一種形式，照料後代的工作是由廣大的成員分擔，且有階級系統（有時非常精細），其最明顯的特徵是有育種與非育種的個體。這種系統的極致表現，就是在剛提到的蟻、蜂、白蟻（以及廣腰亞目）組成的昆蟲膜翅目。

膜翅目有獨特的基因機制來決定性別，稱為單雙倍性（haplodiploidy）。以多數有性生殖的動物來說，每個個體會從父母身上各得到一半的基因物質，這物質會排列在成束的DNA染色體中，因此會在每個細胞中成對存在（各來自父親與母親）。這種有成對染色體的情況稱為二倍（diploidy），個體就會稱為二倍體（diploid）。如果只有一個親代貢獻DNA，個體就會變成單倍體（haploid），染色體數目為一般數量的一半，並不成對。在多數膜翅目當中，雌蟲是二倍體，雄蟲是單倍體，因此這種情況就稱為單雙倍性。明確來說，如果有隻會生殖的雌蟲產下尚未受精的卵，則這顆卵會長成雄性，如果這個卵受精，則會變成雌性。整體而言，一個群落只有一隻或區區幾隻有生殖力的雌蟲，稱為女王或后，每隻女王或后通常只交配一次。

這種安排表示，任何一隻雌蟲和姊妹的親緣，會比和母親或女兒更近（如果有女兒的話——大部分是沒有），只要擁有相同的父親。要了解原因，得先稍微上點細胞分裂的課。細胞分裂有兩種重要類型：有絲分裂和減數分裂。有絲分裂是比較簡單的形式，也就是一個細胞分裂成兩個相同細胞。這是你身體內最常發生的細胞分裂型態。然而，要產生配子（也就是精子與卵），這過程在兩方面就有差異。首先，一般細胞是二倍體，配子卻一定是單倍體。每一對染色體只有一個代表進入配子細胞內，而且必須如此，否則精子與卵相遇結合時，胚胎的染色體會是親代的兩倍（而且每一代都會加倍）。因此，任何二倍體的後代和二倍體父或母的親緣係數會是零點五（另外一半來自另一個親代）。第二，從這對染色體中產生單一染色體，不僅牽涉到從中選一、拷貝、放進配子。相反地，全新的染色體是先把每一對的兩個染色體排起來，並交換片段。這麼一來，配子就攜帶大約父親或母親百分之五十的基因。這表示，來自相同二倍體親代細胞的兩個配子親緣係數（*r*）為零點五，而不是一——正因如此，同父母的親生手足親緣係數（*r*）也為零點五（在母親這邊是零點五，在父親這邊也是零點五，而平均為零點五）。

再回來看看單雙倍性。所有由蟲后所生下的膜翅目雌蟲會有一個染色體來自母方，一個染色體來自父方。不過回想一下，父親是單倍體，這就表示配子**一定**都是一樣的（r 等於一）；這不能透過減數分裂產生，因為沒有成對染色體彼此交換片段。相對地，正如我們所見，蟲后的配子有常見的零點五係數。因此，如果蟲后只接受一隻雄蟲的授精，那麼牠所有的女兒都有和父親一模一樣的染色體，而有和蟲后一半相同的染色體，[105]總計姊妹之間會有零點七五的親緣係數（也就是零點五與一之間的平均值）。回想一下，二倍體親代與子代之間的係數是零點五，由此可清楚看見，膜翅目的雌蟲和姊妹的關係比和自己的女兒還親。

這項事實對利他主義來說是有意義的。單雙倍性雖然不是真社會性所必須，[106]卻提供完美的脈絡，讓手足之間強烈的利他主義可以演化而生。簡言之，一隻雌蟲藉由協助產生妹妹，得到更多非直接適應度，大於自己產生後代而取得的直接適應度。因此，選擇壓力會推動不孕的姊妹擔當代理父母，幫助其母親生出更多手足——這些手足絕大部分會是雌性。這確實就是在高度發展的膜翅目群體中會看到的情況。以蜜蜂為例，蜂群有三個階級：女王蜂、工蜂與雄蜂。通常來說，一個蜂群裡只有一隻女王蜂、幾千隻工蜂（一定是雌性），還有幾百隻雄蜂。雄蜂只有單一角色，也就是與其他蜂群的處女女王蜂交配。雄蜂沒有螫針，也不用負責收集花粉、守護蜂群的任務，一開始甚至無法自己覓食，得仰賴工蜂提供養分，直到長得夠大，可直接吃儲存的蜂蜜（通常雄蜂在秋天會被蜂群逐出，然後就會餓死）。女王蜂在蜂群中的功能很有限，但卻比較重要，也就是生殖。其他任務皆由工蜂負責，任務清單相當龐大，包括利用腹部分泌的蠟，打造六邊型蜂房（蜂巢）；收集花朵的花粉與花蜜；儲存與封閉含有這些食物的

105 原註：單一父親是很重要的條件；一群女兒來自越多個父親，那麼任何一對姊妹彼此之間的親緣，高於牠們與各自子代的可能性就越低；同母異父的手足親緣係數只有四分之一。的確，咸認一夫一妻制是真社會性演化的關鍵條件。

106 原註：白蟻的蟻群也被分為繁殖與不孕的階級，但並未展現單二倍體；所有的白蟻都是二倍體。兩種真社會哺乳類也是：裸鼴鼠與達馬拉蘭鼴鼠。單雙倍性因此不是真社會性所必須，只是更可能朝著真社會性演化。

蜂房，兩種都要用來餵發育中的幼蟲，而花蜜會濃縮成蜂蜜；收集水分以冷卻蜂巢內部；生產稱為蜂膠的物質——混合了唾液、蜂蠟與樹脂分泌物（例如樹汁）——以鞏固蜂巢的結構完整性，把裂縫封起來，避免不必要的空氣流動與水分流失，也能保護蜂巢免於真菌與細菌感染；移除死亡蜜蜂與其他廢棄物；保護蜂群與蜂巢，不受入侵者與攻擊者侵擾。牠們並不會產下任何後代，而是只顧著服務女王蜂（或說是蜂群的整體利益，端視於你的觀點）。

這是永無休止的終身折磨，然而，蜜蜂工蜂的生命稱不上是膜翅目昆蟲中最嚴峻、最危險的。來看看巴西大頭蟻（*Forelius pusillus*）。巴西大頭蟻的蟻穴位於沙質表土層下方，牠們每天傍晚都會把通往巢穴的入口封起。要做到這一點，是得站在地面，背對洞口，並以後腳把沙粒推回去。等到工作差不多完成時，多數工蟻會衝回洞內，但仍有少數工蟻會留在地表。顯然入口從外頭封起最有效（否則牠們都會回到巢內），只是留在外頭的螞蟻鮮少能活過夜，而為這種更好的封口付出代價是值得的。亞當・托菲斯基（Adam Tofilski）與其同僚曾探究過這行為，他們說，這些工蟻承擔了「搶先犧牲小我，以防護蟻穴大我」的第一個知名範例。

要在此強調的是「搶先」（pre-emptive）一詞，因為巢穴遭逢攻擊時，自我犧牲在膜翅目並不罕見。例子不勝枚舉，蜜蜂在螫咬敵人時會跟著失去螫針，因此隨之送命，有幾種螞蟻——包括從名稱就能看出端倪的爆炸平頭蟻（*Colobopsis explodens*）——在攻擊時會犧牲性命，讓自己的腹部爆炸，釋放出有毒的膠狀物質覆蓋攻擊者，而這物質也同樣致命。無螫蜂屬是沒有螫針的蜂，以自殺式的叮咬聞名，也就是說，牠們會在叮咬攻擊者時會拿出極大的決心，以至於讓自己也受到致命重傷。凱爾・沙克頓（Kyle Shackleton）與其同僚曾衡量過無螫蜂屬十二種蜂的防禦性攻擊，計算工蜂選擇自殺性叮咬，而不是脫逃的比例；以瓜實無螫蜂（*T. hyalinata*）來說，數字高達百分之八十三。其近親澳洲無螫蜂（*Tetragonula carbonaria*）[107]與赫氏無螫蜂（*Te. hockingsi*）會和敵對蜂群展開大規模混戰（包括同種與不同種之間的戰爭）。牠們會形成「戰鬥群」，以奪取（或防衛）巢穴，工蜂會朝著彼此飛撲，抓住對手的戰鬥者，並成對摔倒地上，扭曲螫咬，而且大多數都無法生還；戰爭或許會維持幾天，導致數千隻蜂死亡。

真社會性昆蟲的生活因此可說是辛苦又危險，但這樣的生活也可能單調靜止。蜜蟻（honeypot ant）是一種多元的族群總稱，包含無親緣關係的物種，主要在世上的乾燥區

107 原註：原本的學名是 *Trigona carbonaria*。

域被發現。蜜蟻有共同特色：會把液態食物存放在特化的工蟻階級「貯蜜蟻」（replete）活體身上，這是從身形最大的工蟻變成的。貯蜜蟻是在食物充分的期間，由其他工蟻餵養，其腹部可膨脹到和一顆葡萄一樣大，導致根本無法動彈；牠們會一直停留在地下蟻穴的深處，通常會倒吊在巢穴的天花板上。一旦外在的食物供給變少，工蟻就會把目標放到貯蜜蟻上，撫摸其觸角，鼓勵牠們反芻吐出一滴滴營養豐富的液體。

如果我們夠客觀的話，會發現這和人類夫妻在建立家庭時差不多，一樣有隨之而來的喜悅與滿足[108]，也像一對蜜蜂姊妹會撲向大胡蜂——必死無疑——以防護自家蜂群。兩種個體都在做自己「想」做的事。但如果我們一開始就抱著天真的想法，假設演化是朝著這個方向前進，改善其所影響的動物生命，那麼膜翅目的階級制度似乎是刺眼的反烏托邦。麥特．瑞德里（Matt Ridley）在《紅皇后》說得好（雖然有點太輕描淡寫）：「動物會服膺基因的利益——只是有時會對自己的身體太輕忽。」因此我以人類為中心的觀點如下：坦白說，這看起來太像奴隸制。

但如果你還是不相信，讓我講兩個更進一步的研究，因為我得同意（或承認），將工蟻或工蜂為蟲后利益服務的案例，拿來與我們理解的奴隸制相比，其實沒有那麼恰當。女王**蜂**或**蟻**后的利益畢竟是由工**蜂**工**蟻**共享，至少基因上是如此。如果女王**選擇**

優渥生活、享受無微不至的照料，同時生下成千上萬交給別人照顧的後裔，這種事算是合理，那麼自殺的工蜂工蟻也有一模一樣的選擇自由，因此也可以視為是同樣滿足。相對地，人類奴隸在為主人服務時，往往都沒有順從個人利益，無論是遺傳方面或任何方面的利益。但是這種真正的奴隸制，確實也存在於蟻的世界，而且若不是演化出極端的利他主義，就不可能發生。

強迫勞動

我先從一個相對低調的例子開始說起，可提出相當引人的論點，說明個體的繁殖雄心（如果你樂於接受這種觀念）會違背其意願而受到抑制。雙稜針蟻屬（*Diacamma*）沒有蟻后與工蟻之間的明顯區隔，在這些「無蟻后」的物種中，所有工蟻天生都擁有相同的生殖潛力，但是只有一隻或少數幾隻強勢個體，能在蟻群占有交配與產卵的特權。這些負責生殖的雌蟻稱為生殖工蟻，可因為產下後代而享有龐大的直接適應度利益。不

108 原註：看得出來我沒孩子嗎？

過，牠們的地位卻是脆弱的，任何工蟻理論上都可以驅逐與取代牠們。因此，生殖工蟻會對新出現的工蟻發動無窮無盡的斷肢行動，其中有許多是自己的女兒。工蟻在胸膛上有一對附肢，稱為「芽」（gemmae），這對於有性生殖的接收者來說很重要，而生殖工蟻就直接把它咬掉，讓這些失去生育力的雌蟻當一輩子的僕人。

雙稜針蟻屬的生殖工蟻使出這種侵略行為實在非常自私，但我得退一步說，被斷肢的工蟻仍有一線希望，牠們依舊可以從生殖工蟻的成功繁殖來獲得非直接適應度（就和更傳統的膜翅目群體一樣）。然而，這樣的「安慰獎」，對於我接下來要舉的第二個例子，也就是字面上真正的「奴隸」，則完全不存在。我要說的是蓄奴蟻，約有八十個物種，且來自沒有親緣關係的屬，整個生命週期完全仰賴其他蟻種任勞任怨而完成。對於後者而言，奴隸沒有直接或非直接的適應度利益。

蓄奴蟻的工蟻有相對單一的目的，也就是侵略其他蟻種的巢穴，盡量盜取幼蟲與蛹。當這些奴隸孵化出來，就好像成為蓄奴蟻群的成員，執行所有常見的蟻群任務。的確，有些蓄奴蟻種很仰賴奴隸，導致連執行基本功能的能力都失去了，例如照料自己的卵，甚至不會自己找食物，因此，如果附近沒有蟻穴可供綁架工蟻時，往往很快就死亡。在多數專性的蓄奴蟻種當中，蟻群無法以常見的方式建立（由蟻后建立原始巢穴，之後產卵，卵孵化之後就有勞力）；相對地，牠必須找到一窩宿主（亦即奴隸）物種，殺掉原有的蟻后。新蟻后釋放出一組不同的費洛蒙與阿洛蒙，[109]會讓宿主工蟻降低敵意，之後再予以調整，使之接受自己，並為自己養育後代。如果沒有這層幫助，則蟻后無法自行養育螞蟻幼蟲。

或許這一點值得討論：蓄奴性狀是否更適合視為是利他主義的直接後果（畢竟，少了放棄直接適應度，將力氣百分百投入俘擄奴隸突襲戰的工蜂群，這是不可能實現的），抑或是另一個親緣啟發（也就是宿主物種的化學辨識系統）被駭的例子。無論如何，這都是天擇所偏好的。

負面關係

終於，我們要來談談惡意了。把你的心思（或你的書）翻回前面幾頁，看看漢彌爾頓法則，也就是說利他主義的基因可以受天擇青睞，前提是環境條件滿足 rB 大於 C，

109 原註：allomone，是一種會發出訊號的化學物質，由一種物種的個體釋出，目的是引來不同物種的其他個體的行為；這和費洛蒙相反，費洛蒙是對同一物種的成員發出訊號。

*r*是關係係數、B是接受者的利益，C則是行為者的代價。但願不需要說明，這個行為若是利他的，則B必須是正數。顯然*r*也必須是正數，否則*r*B就會變成負數，這樣就不可能比C大。但是，正如漢彌爾頓觀察，還有一種方式能讓*r*B比C大，也就是讓*r*與B都變成負數。[110]

這可不是異想天開；*r*可以是負數，因為這個數字是在說，相較於與一般族群成員的親緣度，行為者和接受者的親緣度有多高，而結果很容易比平均值更疏遠。那麼，如何讓B也變成負數呢？那當然就是傷害接受者——只要這個傷害乘以疏遠程度，大於行為者的行動代價，就滿足漢彌爾頓法則，於是操控有害行為的基因就可能受到天擇嘉惠。我們剛才討論的即是演化惡意的可能性。

除了人類之外，大自然中是否真有惡意存在的討論則比較有爭議，部分原因在於需要有環境讓這特徵浮現。首先，環境中需要高度的局部性競爭，這樣耗費高昂代價排除親緣關係遠的競爭者，對近親的利益才可能夠大。第二，親緣認定可能相當複雜；有鑑於第一個條件所造成的空間擁擠，依照親近度而來的捷思法，不足以評估其相關性。然而，還是有那麼一、兩個例子。我就先說比較引人入勝的例子，之後再講講更令人擔憂的例子。

110 原註：萬一你的數學太糟，這裡提醒你，兩個負數相乘就會負負得正。

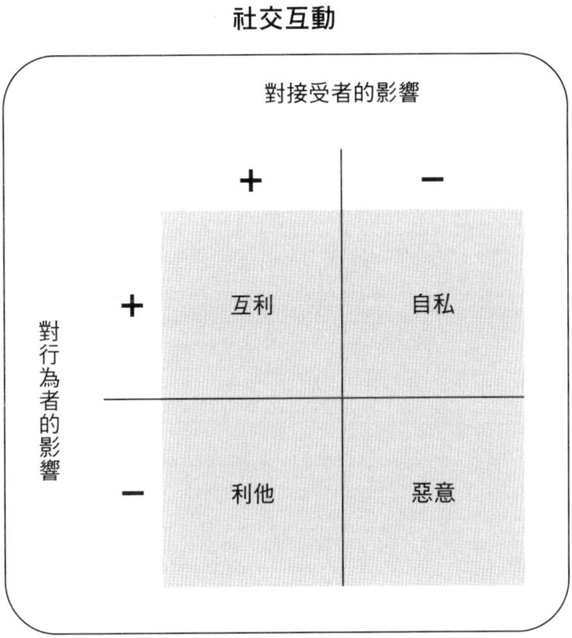

（資料來源：Gardner et al., 2007）

佛羅里達多胚跳小蜂（*Copidosoma floridanum*）是一種兩公釐長的擬寄生蜂，會把卵產在金翅夜蛾亞科（Plusiinae）的卵當中。成年雌蜂通常會在每個宿主的卵中產下一、兩個卵，但對宿主來說，更不幸的是跳小蜂會展現出一種性狀，稱為「多胚化」（polyembryony），這表示每個卵之後會複製增生，產生成千上萬個相同的胚胎，每一個都會發育成幼蟲個體。如果只產一個卵，幼蟲可能是雄性或雌性，但如果產兩個卵，通常就會一雄一雌。如果這隻蛾特別倒楣，牠的卵也可能招來雌蜂產卵（很可能有其他物種），這麼一來，擬寄生蜂即將化蛹時，受感染的毛蟲會狀似一根小小的半透明香腸，快要被成排幼蟲擠爆（令人驚訝的是……排列非常整齊），最後，這隻毛蟲可說是半點都不剩了。顯然，演化惡意的第一個條件在這裡出現了——大量的局部競爭。

多胚性寄生蜂（有幾個屬及許多種）還有另一項奇怪特色，就是複製的幼蟲會發育成兩種階級不同的個體——繁殖蜂以及不孕的兵蜂。繁殖蜂相當渾圓，幾乎是橢圓的，且和其他擬寄生蜂一樣會發育，大啖宿主的組織直到準備化蛹，羽化為成蟲。另一方面，兵蜂則纖瘦彎曲，從來都活不過幼蟲階段，反而是在宿主終於死亡時一起死去。牠們唯一的明顯功能就是攻擊與殺害其他幼蟲，包括其他蜂種的幼蟲。這麼一來，牠們就像是其他社會性膜翅目的工蜂工蟻階級一樣。然而，兵蜂兵蟻也會殺掉同種的其他幼蟲，包括親生手足，這又是另一回事。這行為顯然符合惡意的定義，因為這是社會互動（亦即只牽涉到同物種的成員），接受者與行為者都受到傷害，而不是幫助。但要說服我們這是適應性（亦即透過親擇壓力來演化），則需要說明這些幼蟲殺害同種生物的本能，對象只有與其關係最遠者。

美國喬治亞州雅典大學（University of Athens）及英國諾丁漢大學（University of Nottingham）共同組成的團隊，在大衛・吉隆（David Giron）的率領下進行研究。他們在實驗中選用雌性佛羅里達多胚跳小蜂的卵感染蛾幼蟲——這些從實驗室培育群落中挑出的雌性跳小蜂，最早源自於喬治亞州的野外。每個宿主身上也會加入其他的卵，這樣焦點幼蟲就會發現自己和許多幼蟲共享同一個宿主，這些幼蟲包括同樣的複製體（雌性）、親生手足（雄性）、喬治亞蜂群中無親緣的幼蟲，以及採集自威斯康辛州的無親緣蜂群所培育的幼蟲。研究人員觀察兵蜂時發現，牠們攻擊其他幼蟲的頻率，與受害者的基因親緣性成反比。[111]而在平行實驗中，研究者確認了幼蟲膜中所含有的化學物質，有助於對抗宿主的免疫反應，也可讓兵蜂判斷親緣；如果把這個膜移除並重複第

111 原註：這包括比起複製體（r等於一），更傾向於攻擊親生手足（r等於零點五）。

一項實驗，則攻擊率與親緣的關係就消失了。

佛羅里達多胚跳小蜂就是個實實在在的例子，說明演化出來的惡意。不僅如此，這些物種的親緣辨認也可能解釋為何惡意並未更常出現。跳小蜂會專選和免疫有關的蟲膜化合物，此一行為或許特別關鍵。想像一下，假如跳小蜂幼蟲不是透過這些化合物來估計親緣關係，而是採用隨機的化學標記。這樣會立即對缺乏這種攻擊特徵的譜系造成選擇壓力，因而模仿化學物質，以獲得兩種利益：（一）減少攻擊，以及（二）減少與其他同樣無此特徵的譜系競爭。這系統要能有用，就必須要有某種截然不同的化學訊號壓力，才能讓跳小蜂譜系有所區別。

對跳小蜂來說，幸運的是，這種壓力存在於牠們與毛蟲的軍備競賽中，而毛蟲承受著龐大的壓力，為了對抗寄生物而演化出防禦之道；打敗這些膜化合物的保護性特質，會是防禦手段的核心部分。回想第三章所述，宿主－寄生物的共同演化動態可以用鎖與鑰匙的系統作為概念來解讀，宿主會持續演化出新種類的鎖，阻擋原本已演化出適當鑰匙來開鎖的寄生物。鎖若是稀有種類，這種稀有程度就能很快變成優勢，畢竟寄生物能最快演化出的，是打開常見類型的鎖。

我之前已經這樣描述過，但是這個比喻反過來也一樣說得通：鑰匙的稀有度也成為優勢，因為宿主有改變的壓力，要把最容易被打開的鎖再加以變化。這表示，雖然跳小蜂有選擇壓力，要演化出模仿物，模仿的是其他譜系的蜂具備的親族辨識化合物，但也有相反的壓力，得**避免**這些化合物完全一樣，因為這會加速宿主演化出防禦反應。後者的壓力無疑會比較強，因為任何跳小蜂的卵都能面對（其他寄生蜂幼蟲）一定程度的掠食，但如果要應付遭到唯一食物來源（宿主）的全面排斥，那可就困難了。

重新探討致病力

我們在第三章談過，沒有什麼能阻止高致病性（hypervirulent，亦即傷害性高）的病原體演化，即使這種病原體的長期前景不佳。我們也看到，如果這種假想的病原體和另一種致病性較低的菌株共生在同一個宿主，那麼哪怕後者可能具備長期存活的較佳機會，也將變得無關緊要，因為在這場競爭宿主資源的菌株之戰中，比較溫和的菌株顯然會輸掉眼前的戰役，儘管它的條件更利於贏得整場戰爭（亦即更能在宿主群體中擴散）。然而這也表示，利他主義可能為感染高致病菌株的宿主帶來一絲希望。

早在一九六〇年代的漢彌爾頓開始，就有些純理論性的研究指出，導致同一位宿主感染的不同病原體，親緣性越高，致病力就會越低。如果某宿主身上的所有病原體親緣度都很高，則任何個別病原生物應該會在其他病原生物繁殖成功時，獲得非直接適應度，因此降低對於宿主的負面衝擊是值得的。相反地，如果宿主受到諸多彼此無親緣的菌株感染時，就沒有利他主義的選擇壓力，菌株反而會彼此競爭，要奪下宿主的資源，而合理的最後結果是致病力並沒有降低。因此最佳致病力能多高，取決於寄生物的多樣性，而生物學家多年來建立的各種數學模型，通常也得到相同結論。

不過這裡的關鍵詞是「模型」，因為實證研究結果通常不那麼一致。一方面，病毒 *PfNPV* 感染松麗夜蛾（pine beauty moth）時，混合感染通常會比單一病毒株感染嚴重，會對宿主造成更多傷害；同樣的模式也可以從實驗室老鼠感染到夏氏瘧原蟲（*Plasmodium chabaudi*，囓齒類瘧疾）的情況看出。另一方面，有大量關於惡性瘧原蟲（*P. falciparum*，人類瘧疾）的實驗與田野研究顯示，寄生物的多樣性與疾病的嚴重程度沒有明顯關聯。

進一步的問題是，單一菌株感染的致病力降低，究竟是和利他主義深有關聯？或者僅僅是反映了宿主在面對對單一威脅時，會比對多樣性威脅更容易產生有效的免疫反應？更嚴重的是，有研究顯示，利他主義有時會**增加**致病性，促進有效合作，引發對宿主資源更有效率的剝奪。舉例來說，寄生細菌和宿主經常陷入搶鐵大戰的泥淖；細菌需要鐵來成長，宿主亦然，於是宿主生產蛋白質與鐵結合，藉此把鐵鎖好。然而，細菌也相應演化出各種方式來搜刮鐵，其中一種就是生產出能結合鐵的螯合劑，稱為「鐵載體」（siderophore）。這種化學物質會被釋放到環境（也就是宿主）中，與鐵結合之後再被細菌吸收。對任何細菌來說，生產這樣的螯合劑顯然是有用的，然而，更有利的方式就是不必費力生產與釋放鐵載體，只要直接吸收已經結合鐵的鐵載體就好。這種作弊的選擇壓力是很大的，會導致鐵載體釋放者出現反向壓力，在碰到作弊者時就減少生產。鐵載體減少，代表致病力降低。然而，在只有單一菌株的環境下，情況可就不同了，此時提升生產合作是有利的，不光是因為不會被作弊者打敗，也因為幫助近親可獲得非直接適應度。這對宿主而言是很不幸的，因為這種合作代表著菌株會利用更多資源，因此致病力也更強。

至此，利他主義就沒戲唱了。那麼，惡意是否能力挽狂瀾呢？可能可以。細菌不會只分泌鐵載體這種化學物質，同時也會分泌「細菌素」（bacteriocin），而這種蛋白質對其他細菌有毒（通常是同種細菌）。幾乎所有細菌都會生產細菌素，且有很高的多樣性，舉例而言，光是大腸桿菌就有二十五種以上的紀錄。你八成已猜到，個體細菌（及其複製體）對於自己的毒素是免疫的，這是仰賴同時生產的消除活性因子。然而，產生細菌素是有代價的，包括必須將原本更有直接用途的機能（例如新陳代謝、成長與生殖）重新導向，個體死亡也是代價，許多細菌（包括大腸桿菌）只能透過撕裂自己的細胞膜這種致命行為，才能釋放細菌素。

從宿主的觀點來看，細菌素是好東西；釋放細菌素其實就是內戰的表徵，只會導致細菌減少，致病力因而降低。就像利他的鐵載體分泌，細菌素的惡意釋放是由感染宿主的細菌親緣性來調節，但這關係並非完全線性的。在 r 值低的時候（親緣關係低），細菌可能被非親屬包圍，但此時生產細菌素的代價很高（例如大腸桿菌，那其實等同自殺），不太可能為親屬帶來明顯利益，因為就定義來看，在 r 值低的環境中並沒有多少親屬，細菌素的產生因此會很低，致病力很高。同樣地，如果 r 值特別高，這場化學戰事的好處也幾乎可以忽略，因為幾乎沒有任何非親屬競爭者，而唯有殺死非親屬才能有效降低競爭，同樣地，細菌素的產量也會很低，致病力會很高。只有當 r 值位於中間值的時候，才會（一）附近有足夠的非親屬數量，值得它投入戰事，以及（二）附近有足夠的親屬數量，能讓它透過惡意取得非直接適應度。

結論是，無論是惡意或利他主義，看起來都不是純然值得讚賞，或純然該遭到鄙視，我們也不該有這樣的預期，因為親屬選擇（就像其他演化力量一樣）是盲目運作，沒有目標或目的。物種共同合作的社交動態（例如獅與象）所源自的壓力，也同樣會導致早夭與衰老的痛苦。同樣地，膜翅目超個體（super-organism）的蜂巢思維（hive-mind），正如蜜蜂群所示，會讓我們看到近乎奇蹟的合作、勤奮與條理（更別說還有蜂蜜），但也會導致自殺攻擊與奴役。如果這樣還不夠，在社會性物種舒適又殘酷的世界裡潛行的，是無所不在的作弊者，這些作弊者想要（也有能力）操弄其他生物的利他行為，以達到自己的目的。

§

然而，事情不會就此結束。下一章我們要探討的，是極度過分的欺騙與不誠實，可能不是專門用來對付敵人，而是用來對付身邊最親近與親愛的人。

第七章

精打細算的愛

Kramer vs Kramer vs Kramer

美狄亞是與眾不同的。

希臘神話宛如群魔亂舞的嘉年華，殺人、魔法、亂倫與苦刑隨處可見，然而這位太陽神海利歐斯的孫女仍然令人格外不安。這不光是因為她殺害親弟弟，好讓自己能和新婚丈夫伊阿宋一起逃離科爾喀斯（她曾幫助伊阿宋竊取金羊毛）；也不是因為後來伊阿宋娶了新的妻子，美狄亞在盛怒之下毒害丈夫的新妻子與公公，以滿足復仇的慾望。原因是她對伊阿宋的憤怒之深，甚至殺了自己為其所生的五個孩子，刻意要伊阿宋悲痛得無以復加。她毫無悔意，駕著金色戰車逃到雅典，一路上還嘲諷著伊阿宋（以下是以詩人尤里比底斯〔Euripides〕的話來說）：

> 我不會把孩子的屍體留給你；我會帶走他們，這樣才能在赫拉的地盤埋葬他們。至於你，這個對我做盡壞事的人，我預言災厄降臨。

美狄亞殺了子女，這項罪行是二十一世紀西方社會最嚴重的禁忌之一。但是在西元前五世紀的希臘，也就是尤里比底斯的戲劇《美狄亞》（Medea）首演之際，情況的確略有不同；父親擁有合法殺死自己嬰兒的權利，但我們可以從這齣戲劇的動態看出，母親犯下這種罪行依然令人髮指，況且純是出於復仇心。當然，現今依然有殺子的行為，但在現代工業化國家，絕大多數是出於絕望或是心理疾病（或兩者皆然）所造成的罪行；長期來看，與殺子率呈現類似趨勢的是自殺率，而不是謀殺率。不僅如此，美狄亞的故事（但願）只對古典學者具有知識價值，對生物學者則無，因為她根本不存在。然而這並不表示，天擇從來不會嘉惠殺害自己後裔的行為，而儘管我們對於從演化生物學中[112]學到什麼必須格外小心——尤其考慮到文化造成的影響可能完全壓過生物學機制——不過，殺子背後的邏輯依然值得了解。同樣的情況也會發生在殺害手足、弒親，以及強暴，在各種非人類物種身上都可看見這些事，禍首不是絕望或疾病，而只是遺傳的權宜之計。

適應度至上

無論乍看之下多麼違背常理，任何傾向於把適應度拉到最大的行為，都可能得到

112 原註：我們的道德行為應該受到演化生物學多少程度的影響，是本書最後一章的主題。

天擇青睞，關於這一點，我們現在應該都不感驚訝了。在這方面，有個相當令人費解的例子是來自最社會化的鳥種——灰頭織巢鳥（grey-capped weaver）。有人觀察到，這種鳥有時會把鳥蛋踢出巢外，（有點缺乏想像力的）生物學家有時將此行為稱作「踢蛋」，這狀況其實不算罕見，至少共同築巢的鳥便是如此；許多物種就會採用這種詭計，從鄰居身上占盡各種便宜。只不過，其他鳥踢出的並不是**自己**的蛋。相對地，灰頭織巢鳥卻是自我破壞。

灰頭織巢鳥的外觀像雀鳥，就像織布文鳥科的其他成員，會打造相當細緻的鳥巢，通常在同一棵樹上會有幾百個巢。鳥巢群聚可促成對天敵某種程度的防衛，但也可能成為吸引其他掠食者的磁石。會吃鳥蛋的蛇尤其是嚴重威脅，一旦某條蛇從一個有鳥居住的巢偷過蛋，不久之後又會返回同一個地方，試著再偷一顆蛋。有鑑於此，已失去過蛋的巢，再失去一個蛋的風險又比尚未被蛇發現的鳥巢更高。在此前提下，整體適應度的運算就開始運作。

從親代的角度來看，任何遭遇劫掠的鳥巢中所剩下的蛋，「價值」都不如那些鳥巢尚未被打劫且數量相同的蛋，因為前者存活到孵化的生存機率比較低（蛇知道這些蛋在哪）。於是父母面臨抉擇：要不就是繼續投入時間與努力在這一窩可能無法生存下來的蛋，要不就是重新開始，孵一窩不必面對相同掠食風險的蛋。要重新開始、產下更多蛋，勢必要付出耗費更多力量的代價，但如果遭掠食風險降低的預期效益勝過代價，那就會是比較好的選擇。事實上，作出抉擇通常比上述情況更簡單。曾有蛇造訪過的鳥巢，鳥蛋的平均數量會低於蛇未曾造訪過的鳥巢，原因不言自明。等到只剩下一顆蛋時，要做出決定就很容易，而到了這個階段，蛋通常會被踢出去。

但願你現在已經開始懷疑：為什麼不乾脆遺棄那些蛋？為什麼還要費力踢出去？對於織巢鳥來說，鳥巢是珍貴的日用品，築巢很耗費時間，因此「搬巢」並不是好選擇——牠們要重新使用原有的鳥巢。乍聽之下，這樣有點沒道理，因為顯然下一窩蛋會面臨相同的問題，也就是遭掠食風險偏高，正如雙親才剛踢出去的那顆蛋一樣，畢竟蛇還是知道鳥巢在哪。然而，事實上這風險消失了，或許是因為蛋被踢出去與後續產下鳥蛋之間有時間差。蛇或許沒有長期記憶，只會在短時間重訪曾發現過蛋的鳥巢。如果蛇發現巢中沒有蛋了，之後就不太可能會在這繁殖季重訪，除非碰上隨機的機率，第二窩蛋因此會比較安全，但前提是，這段期間的鳥巢必須是空的，踢蛋因此是這過程中必要的部分。

母獅遺棄一隻幼獸的事情也時有所聞，理由差不多。照料幼獅的主要成本是時間；

養育幼獅大約需要兩年，母獅在這段時間無法懷孕，因而錯失了從未來後代得到的可能利益。這樣的代價無論是養一隻或三隻幼獅都一樣，因此，如果牠要把幼獅養到能夠獨立，可能會為了提升整體適應度，犧牲單獨的幼獅以換取更早生下三頭幼獅。正如本章多數的例子（以及本書中其他地方的行為範例），這隻母獅並未明確地做出這個決定；牠並未暫停下來，衡量保有一頭幼獅的利弊。事實上，牠是源自某個獅子譜系，這譜系的基因（偶然之下）會讓牠們更可能遺棄單一幼獅，而不是養育幼獅。那些個體過得比堅持養育單一幼獅的個體要好，因此後代也更具有主導力。

有個相關的現象會發生在老鼠與其他囓齒類物種上，只是理由並不相同。公鼠遇見帶著幼鼠的母鼠時，通常會盡力宰掉那些幼鼠，理由很簡單：那些幼鼠與牠並無親緣關係，因此協助養育這些幼鼠（容許牠們活命）對牠來說沒有好處，而越快擺脫幼鼠，母鼠就會越快回復到可以接受交配的狀態，公鼠便有機會繁殖自己的幼鼠。許多讀者會在野生動物紀錄片上看到，剛從獅群中竄奪主位的雄獅也會對所有找得到的幼獅做出同樣的事，而母獅幾乎無可奈何。然而母鼠已經演化出回應——儘管只有在懷孕時才適用，而不是幼鼠出生之後。

通常雌性在懷孕時會迴避雄性，除非牠們判斷眼前這個新出現的雄性比先前的配偶更加優秀。優越的伴侶代表優越的後代，也更容易生存繁衍，因此值得雌性把這個雄性找出來。然而，牠通常還是得把幼崽生下，這又會延遲再度懷孕的機會。如此不僅浪費時間，雌性在孕期也會浪費力氣，畢竟雄性之後很可能會把這些幼崽殺了。如果可以的話，且新雄性動物品質夠高，那麼便值得雌性拋下當初投入在這未出生的幼崽的資源，並把短暫餘生專注於養育其他品質較高的幼崽。聽起來冷酷無情，最省時省力的辦法就是中止妊娠。確實就是這樣。

率先描述這種行為的，是英國生物學家希爾妲・布魯斯（Hilda Bruce），她觀察到實驗室的懷孕母鼠如果接觸到不熟悉的公鼠氣味，會自動流產。這就是「布魯斯效應」（Bruce effect），之後研究人員也在其他幾種哺乳類身上觀察到這現象，包括幾種靈長目，這可能在母鼠尚未看見也尚未聽見公鼠時就發生，光有氣味便足夠了。公鼠的身分也不重要；即使是屬於低品質公鼠的氣味，也會促發相同效果，因此，已與優質公鼠交配過的野外母鼠會避開所有公鼠，才不會無意間流產。

有條件的愛

踢蛋、流產與自然界諸多殺子的其他行為，都可以看成是投資在當前與未來之間的取捨。正如所有的取捨一樣，外在環境經常會決定最佳平衡狀態的位置，而母親決定收回對孩子的愛（照顧）這種有條件的本性，可以透過一項蠼螋（earwig）的研究清楚說明。**蠼螋雌蟲照料幼蟲是很常見的現象，但不是完全沒有例外。**在成年之前，尚未成熟的蠼螋最起碼可說是已具備潛在獨立能力，卻仍享有母親照料的好處，包括梳理體表、預防遭到掠食者襲擊，以及提供反芻食物。母蟲可以從牠所生下的後代獲得直接適應度，而即使沒有親代協助，這些後代的生存機率都大於零；因此母蟲提供照料所得到的是**非直接**適應度。然而，照料的代價不一而足。德國美因茲大學（Johannes Gutenberg University）的喬斯．克拉瑪（Jos Kramer）[113]與其同僚所進行的實驗研究說明，當食物很稀少的時候，如果與沒有蠼螋母蟲的對照組相比，實驗組會靠著犧牲自己的後代，來增加自己的體重，對後代的生存造成負面影響。這些產卵期體重較輕的母蟲，此時也更可能盡量增加自己的體重。這些雌蠼螋顯然是根據提供照護的成本，施行條件式的策略；若是可得資源有限，投資自己（以及未來育種的機會）依然是值得的，即使得付出的成本是減少目前存活的子代。

或許不必贅言，母親的這種決定通常和子代利益相衝突。我們常會說，親代照料的物種中，親代會餵食子代，直到子代獨立。但這可能是一種雞生蛋蛋生雞的說法；畢竟，獨立的開端就是父母不再餵養你的那一刻，因此這是不證自明的主張。不僅如此，針對這個時機點該落在哪裡，親代與子代也不太可能有共識。對於狐狸幼崽來說，接受母親照料最適切的時間可能是兩年，這樣會有充分的時間健康成長，學習如何沽過一年四季，但照料時間又不能太長，以免其母親成為牠找配偶的阻礙，建立自己的家庭。即使從基因上來看，母獸和幼獸有共同利益，但從母狐狸的觀點來看，親職照顧的適切量就會少得多——頂多就是幾個月。如果牠持續提供支援超過一年，就會錯失了另一隻幼獸帶來的適應度利益，這種代價實在不值得付出。利益衝突一看就一清二楚。在狐狸的例子中，結果也很清楚——母親完全按照自己的意思行事——但是事情未必總這麼簡單。

113 原註：這不是本章章名提到的克拉瑪；本章名稱請參考一部奧斯卡金像獎獲獎之作，討論的主題是離婚——由梅莉．史翠普與達斯汀．霍夫曼主演的《克拉瑪對克拉瑪》（Kramer vs. Kramer）。

巢中幼雛的生存投資

只要不是獨生子女，任何人都會從經驗中得知，父母分配給手足的注意力很可能不一致。這情況在非人類身上也是如此，也能解釋為何幼鳥會在父母回到鳥巢時吶喊爭食。表面上，這種懇求似乎是多此一舉的怪異行為；畢竟父母帶回一隻蟲，不就是為了塞進某個寶寶的嗉囊？其實根本不必大叫，而且此舉還很危險，可能讓掠食者豎起耳朵。但是對這些雛鳥來說，這樣做可能是值得的；牠們在某種程度上會在乎掠食者（也想要省點鳴叫時所耗費的力氣），但最在乎的，則是父母把蟲塞進**哪隻鳥**的口中。懇求因此成了手足競爭的表現。這情況通常不符合父母的最佳利益，因為父母寧願這些幼雛能夠保持安靜與安全，也想要平等（或至少依照需求）提供食物給每隻雛鳥。父母對於每隻雛鳥都有平等的利害關係，每隻幼雛與自身的利害關係很密切，而與手足則只剩下一半的關係。

我剛才說，這情況「通常」不符合父母的最佳利益。因為雖然懇求有時算是雛鳥的自私表現，但其他時候，鳴叫的強度是誠實反映出營養需求——因此對父母來說是有用的資訊，畢竟父母會想盡量讓更多後代生存下來，直到獨立。然而，親代對於真實懇求的回應可能是有條件的。在食物供給充分的時候，依據需求分配，對父母來說可能是最好的策略，但如果食物供給不足，較合理的做法是確保最大隻的後代能活下來——或許代價就是犧牲較小隻、也是真正需求較大的後代——而不是把食物分配給太多鳥兒，導致每隻得到的太少，這樣會冒著沒有半隻能養大到獨立的風險。任何看過金鵰繁殖生物學紀錄片的觀眾大概都會知道，手足之間的競爭經常升溫到手足相殘，[114]然而父母絕不會調停，雖然每隻後代對牠們來說應該是一樣珍貴。就像蠼螋，金鵰的雙親會多邊押注：在克拉瑪的研究中，蠼螋會犧牲後代，以求自己的生存（因此也保住未來的後代），而金鵰的取捨則是好好養育一隻後代的較高成功機會，以及養育兩隻後代的較低成功機會。

在這些決定中，親代與子代的衝突不如乍看之下那麼清楚，畢竟其潛在的非適應度利益至少部分重疊。正如前文所言，手足之間有一半的利益重疊——父母雙方各一半（假設是親生手足）——因此任何個體都不致於想要無上限地壟斷父母的注意力與資

114 原註：經常稱為「該隱與亞伯症候群」（Cain & Abel syndrome），或簡稱為手足相殘行為（Cain sm）。

源。想像一下，鳥巢裡有兩隻小鷹，一隻比另一隻大些。兩隻都「想要」生存，雖然因為食物供給並不穩定，兩者生存機率不同。牠們也剛好就是以一半的程度，「想要」彼此活下去，這樣可以獲得非直接適應度。因此只要有某種程度的食物供給，較大的小鷹可以藉由分享，而不是壟斷，把整體適應度拉到最大。只要牠自己掌握某程度（夠大）的生存機率，那麼把**大可以**從手足那裡搶走的額外食物，變成「投資」在手足身上，反而會比較好。但如果未超過上述標準，當然，較年長的鳥禽確保自己生存，而不是冒著較高風險確保兩者都生存，會是更有利的。

進一步來看，顯而易見（也相當令人沮喪）的是，如果食物供給低於某個程度，則較小雛鵰最佳的行動會是不再懇求，因為讓食物餵養給更大的手足可能會是更好的投資。特別是，一旦較大的鳥生存機率是較小的鳥兩倍以上，則鑑於未來食物供給的可能性，從整體適應度來看，自願餓死會成為較有利的選擇（很難證明雛鵰確實會這樣做，但假如此事獲得實證確認，相較於許多真社會性昆蟲的自殺式群體防衛行為，這也不會令人更訝異）。

上述的做法適用於手足相殘是兼性（facultative）的物種——換言之，殺了同巢穴的手足（無論是直接殺害或透過餓死）並非無法避免，而是取決於食物供應的狀況。

但情況並非總是如此，有些物種的手足相殘則就是出於專性，舉例來說，納茲卡鰹鳥（Nazca booby）、鳳冠企鵝（rockhopper penguin）、鯨頭鸛（shoebill stork）、黑鵰（Verreaux's eagle）以及多數鵜鶘等等，如果有兩隻雛鳥孵化出來，較大的**總是**會殺了較小的。這和前面提到的兼性手足相殘物種不同，後者的攻擊程度和食物供給完全無關，不過父母依然不會調停。這裡沒有明顯的親子衝突——雙方似乎都不期望兩隻幼雛都會活下來，因為哪怕食物再充足，也救不了較年幼的那隻，牠多半比第一隻晚孵化幾天（有時候蛋黃含量明顯較低），因此幾乎保證了這是場不公平的競爭，較晚出生的那隻根本沒有勝算。

對於較年長的那隻雛鳥來說，獲得的好處非常明顯（雖然必定會喪失來自巢內夥伴的非直接適應度），但是對父母來說，情況看起來更模稜兩可：如果第二顆蛋永遠無法產生得以存活的後代，為什麼還要下兩顆蛋？北卡羅來納州維克森林大學（Wake Forest University）的萊絲莉・克里夫（Leslie Clifford）與戴夫・安德森（Dave Anderson）便用了簡單的操作，藉以測試納茲卡鰹鳥若總是只下一顆蛋，是否會比下兩顆蛋好。針對加拉巴哥群島的一個育種群體，他們在大量只有一顆蛋的鳥巢樣本中各加上一顆蛋（在食物資源缺乏之時，牠們通常就只生一顆蛋），在原本下兩顆蛋的樣本鳥窩中，則移除一顆蛋；同時觀察未經操縱的一顆蛋與兩顆蛋鳥窩（對照組）。結果很清楚：只有一顆蛋的鳥窩在增員之後，孵出雛鳥的比例高於未經操縱的一顆蛋鳥窩；而兩顆蛋被移除掉一顆的鳥窩裡，孵出幼雛的比例低於沒有經過操作的兩顆蛋鳥窩。要說明清楚的是：沒有鳥巢產生了兩隻雛鳥，但是那些最初產下了兩顆鳥蛋的鳥窩，比起只有一顆蛋的鳥窩更可能孵育出羽翼豐滿的雛鳥。第二顆蛋似乎是為了確保第一顆蛋無法孵出時登場，這對雌鳥來說，生第二顆蛋是值得的，即使從沒有任何鳥窩誕生兩隻幼雛。[115]

親職陷阱

一九七七年，以色列生物學家阿莫茨．薩哈維（Amotz Zahavi）針對幼雛的乞食行為提出不太一樣的解釋。在他的觀點中，父母會獎賞最吵的雛鳥，並不是因為被騙，以為最吵的代表需求最大，此一行為反而像是支付封口費。之前說過，乞食鳴叫聲是有風險的，叫聲越大，風險越高。根據這理論，雛鳥是在勒索父母，要牠們給食物才閉嘴，而精打細算後，覺得吵鬧能獲得更高的餵食機率，值得冒一點引來掠食者的風險。在面對吵鬧的雛鳥時，父母應該不僅會增加提供食物的頻率，也會讓最吵的雛鳥壟斷食物，先讓張最大的嘴巴閉起來。不消說，手足為了壟斷食物而競爭，會促成鳴叫聲量拉高。

這真的有可能嗎？鳥類真的會刻意吸引掠食者，藉此勒索父母，並把自己的身體當作抵押品嗎？對於那些喜歡異想天開，不愛平凡無奇的人來說，很遺憾，答案是「人概不會」。正如道金斯指出，這個賭局太大。以獨生雛鳥為例，如果其生命對自己的價值是一個單位，那麼對父或母來說，牠的生命就只值半個單位，因此雛鳥沒有多少籌碼下這麼大的賭注。如果同一窩有更多雛鳥，對父母而言就會有更大的利害關係，但每隻發出鳴叫的雛鳥有了更多顧忌，因為每個手足對牠而言都有半個單位的價值（假設父母是一夫一妻制）。無論在哪個地方，這種勒索會增加食物供給的想法，禁不起對野外多數幼雛的詳細觀察檢驗，牠們只會在父母飛回鳥巢時大叫，而父母一離開的瞬間，牠們就安靜。為了對父母施壓，讓牠們更常帶著食物回巢，雛鳥必須在父母不在時也鳴叫。然而正如常理推測的那樣，雛鳥並沒有這樣做。

115 原註：嚴格來說，這項實驗結果比較像是提出想法，而不是提出結論，因為只衡量了第二顆蛋的利益——不是成本。在資源有限的情況下只有一顆蛋，這事實代表雌鳥確實以策略性手段在生蛋。這實驗結果必然高估第二個蛋的適應度優勢，但「不至於」讓結論失效。

這種勒索的另一大問題在於，勒索缺乏可信度。要是父母不吃雛鳥這一套呢？這麼一來，雛鳥就沒有繼續叫的理由，畢竟牠們既討不到食物，又要冒著遭到掠食的風險。更重要的是，這些雛鳥不會知道父母的距離究竟是否近到足以聽見，因此吵鬧的雛鳥會暴露於安全風險，卻無法保證會有回報。結果是，天擇會嘉惠的譜系，是那些如果沒有立刻得到注意就停止鳴叫的譜系。不用多說，這正合鳥爸鳥媽的心意。

如果勒索要有作用，則需要全心投入自我加諸的成本，這麼一來，就不會被拆穿（因為這行動不能撤銷）。這種策略是否存在於自然界不得而知，但有些數學模型已顯示，至少是可行的。親緣勒索——尤其是利他行為的潛在接受者，會嘗試強迫行為者協助養育其後代——可能發生在幾種情境。其中一個例子是纖細長腳蜂（paper wasp，學名 *Belonogaster juncea*），雌蜂經常會組成小聯盟（但也有例外），進行各種任務，包括築巢、維護、防禦，儘管其中通常會有一隻雌蜂壟斷、專司繁殖權。雌蜂有時獨來獨往，不過，蜂巢是否成功則和成蜂數量呈現相關，對於建巢者（通常有繁殖的優先權）來說，顯然越多越好。較讓人疑惑的是，為何會有潛在幫手願意加入，因為幾乎每一隻雌蜂基本上都可以建立自己的蜂巢，養育自己的後代。於是，勒索可能在此浮現。建立蜂巢的雌蜂可選擇產下少數的卵，這樣就可以輕鬆地獨自養育幼蟲——雖然牠出門覓食時，蜂巢碰到掠食者的風險會比較高；或者產下許多卵，然而這樣勢必要投入人量資源，如果沒有幫手前來必定功虧一簣。假設有些潛在幫手是牠的姊妹，牠其實就是用那些幫手的間接適應度來勒索，如果姊妹沒有協助的話，牠產下的卵就會死；牠肆無忌憚的冒險行為等於是給予其他雌蜂姊妹「機會」，挽救這項投資。

另一個可能發生的情境，在於兩性之間與生俱來的衝突。如果我們從一項事實出發，知道任何生物個體其實像是機器，其設計是要將適應度最佳化，那麼生物所能得到最理想的結果，就是把繁殖的努力與成果間的比例拉到最大。在這項假設之下，演化實體的終極目標就是能毫不費力、永無止境繁殖。杜鵑很樂於朝著這目標前進，下蛋後再由其他鳥養育，如果其他物種也能這樣矇混過去，確實也會仿效。不過杜鵑只是最明顯地體現出不勞而獲的欲望，事實上，幾乎所有有性生殖物種之間的衝突，都源自這個目標。

想想看，一對葦鶯不受寄生冒牌者打擾，過著愉快的生活。牠們想要什麼？當然是在有生之年產下更多葦鶯，越多越好（仍需考慮目的論的所有慣見但書）。能把這想像成共同目標當然是好事一樁，但情況其實沒那麼和諧；如果對方負擔更多哺育的工作，對自己更為有利，因為即使工作不是平分的，「獎賞」一定是。如果做的工作比較少，也表示有更多機會在其他地方繁殖；就連人類，若男性採行一夫一妻制、生幾個孩子，並與孩子的母親一起養育後代，會過得最好，[116]但男性如果與不同女子生下孩子，成為一大群孩子的父親，還是有很大的潛在適應度紅利，只要這些女人能被說服，承擔獨自養育孩子的成本。這就是一種白吃白住的行為，只和杜鵑採用的方法略略不同，[117]而雖然通常是只有男性才能使用的策略（靠著天生的生物性差異），卻未必總是這種情況，回想第四章瓣蹼鷸屬的例子，雌鳥生了幾窩蛋之後，就讓幾隻雄鳥照料。這並不是母親殘酷冷淡的異常例子——就只是牠能取得的最划算交易，如果其他物種的雌性也能如法炮製的話，一定會仿效。

因此雌雄兩性之間會有利益衝突。後文很快會談到後果，但首先，我想先指出，雌性要阻止雄性白吃白喝，其中一招就是勒索。雌葦鶯在下蛋之後，就面臨被雄鳥拋棄的可能。假如雌鳥能獨自照料一窩幼雛，那顯然就是雄鳥的最佳策略；就像雌性瓣蹼鷸，雄鳥「應該」盡可能嘗試成為擁有最多雛鳥的父親，並留下多個配偶，幫牠照顧幼雛。但這個「假如」非常關鍵。萬一事實上，假如雄性拍拍屁股走人，意味著這窩鳥會全數死亡呢？在這情況下，牠的投資就會浪費（雖然是很小的投資），就算想和多少雌鳥交配都能如願，但依舊不會有半個後代。於是，對雌鳥來說，高明策略就是讓這窩鳥（也就是她的投資）數量大到牠無法獨力負擔。當雌鳥採取這種方式，雄鳥最好在周遭協助親職，才能保持利益。這和乞食的雛鳥不同，如果雄鳥不吃這一套，雌鳥也不能回頭採用較小的賭注——因為雌鳥是完全投入，這麼一來，雄鳥就沒有談判的餘地。

就像纖細長腳蜂一樣，我們不確定這樣的勒索型態是否遍及野外，但理論上，可能**到處**都有。布里斯托大學（University of Bristol）大學的派翠克．甘迺迪（Patrick Kennedy）與安迪．拉德福（Andy Radford）已指出其中的弔詭之處，也就是這個策略成功的話，我們或許找不到任何證據，因為行為者總是受到夠強的因素威嚇，而不會揭穿接受者的虛張聲勢。比方說，或許我們不會見到雄性葦鶯遺棄一窩六個蛋而付出適應度代價，因為這項雄性策略在太初之始就已從基因庫刪除。勒索會持續存在，隱藏

116 原註：我在此是站在會引發爭議的立場，但有兩件事值得一提：（一）對兩性來說，有大量的文化與環境條件，會影響到「理想」的繁殖策略，以及（二）能留下最多遺傳遺產的策略，或許不是最能為個體帶來個人滿足感的策略。記住，如果基因會在乎什麼的話，就只在乎自己。換言之，在某些情況下，當個風流者可能也受到天擇青睞，但這不表示能讓你幸福。適應度與幸福根本不是同一件事。

117 原註：主要的差異在於，杜鵑宿主無法從養育杜鵑得到任何回報，但是母親卻能從獨自養育後代得到利益——只是付出雙倍代價。以白吃白喝者（不在場的男性與杜鵑）來說，代價與利益的比例依然差不多——或者不在場的男性略高一點點，因為男性連卵的成本都不用付出。

在自己的勝利光芒下。

有些讀者或許認為，兩性間的勒索概念聽起來有點沒品——尤其是在兩個要合作哺育後代的個體之間。若是如此，情況可能比你想像得更糟。事實上，如果查閱關於兩性衝突的文獻，你很容易產生這種印象：最強大的演化創造驅動力，莫過於阻礙配偶利益的動機。

偷偷摸摸的「小王」

想像一下成熟的鮭魚。鮭魚幾乎是肌肉健壯與優雅的同義詞，這種生物具有永不疲憊的精神，會穿越海洋數百哩，回歸原生的河口，並似乎有違重力、機率與常情，一次又一次跳上瀑布。這項努力實在太龐大，鮭魚的返鄉成本實在是高不可喻。在太平洋的六種鮭魚，一隻個體一生只會有一次這種旅程，而為了這麼一次繁殖，鮭魚投入畢生精力，身體根本無法恢復。鮭魚最後一次產卵的艱苦過程中，會分解自己的器官、皮膚甚至眼睛來取得能量，這些能量不光是要用在旅程上，還包括用來產卵（雌性）與戰鬥（雄魚彼此對戰，以及雌魚對抗次等的雄魚）。牠為遺傳遺產作出了終極犧牲，就在鮭魚回到當初誕生、成為小魚的溪流低處，當年砰砰跳的有力心臟與滿腔熱血的活力，此時終於消耗殆盡，於是精疲力竭，瀕臨死亡。而老鷹在這條魚撲騰拍動的同伴間挑選獵物、任由魚屍在陽光下腐敗時，這條鮭魚至少可以確定這趟旅程並不白忙一場。

只不過，有時候還是有白費力氣的事情發生。

如果我們更進一步觀察當年鮭魚出現的河流下游，會發現事情並非表面上看起來那麼簡單。鮭魚通常是溯河洄游的魚類，這表示，鮭魚卵是在淡水孵化（通常是河流小小的上游源頭），之後遷徙到海洋，並在此成熟，花幾年的時間待在海中，之後再進行最後一趟旅程，回到當初出生的河流中產卵。鮭魚最初會在淡水待個幾年；剛孵出的「仔魚」[118]會在碎石間的魚巢附近停留，使用占其身體質量百分之七十的卵黃囊。等到卵黃囊完全用盡之後，「稚魚」[119]就會開始出外探險覓食，變成小魚，之後發育成我們所知的「幼鮭」，[120]其特色是身側有斑紋。等到幼鮭準備往下游前進時，會出現更多

118 編註：alevin，也稱「囊期魚苗」，此階段尚無游泳能力，也無覓食能力，依賴儲存在卵黃囊內的營養。
119 編註：fry，此時即為俗稱的魚苗。
120 編註：parr，此時已經開始長出魚鱗與魚鰭，形態也開始接近普通魚類。

變化，變成「齡魚」（smolt），這時魚身顯現銀色，在來到海洋時，會慢慢花幾年的時間變成成魚。鮭魚進了海洋才會性成熟，日後才會展開歸鄉的漫漫長途。

這就是標準的生命週期，但生命週期不是只有這麼一種。有些幼鮭身上的斑紋從來沒有消失，牠們不會變成齡魚，也不會前往大海。牠們就留在原地等待。

在此要提出一個相關的事實：鮭魚是不會交配的。[121]雌性鮭魚是產下一批未受精的卵，產在牠於河床上打造的淺水凹處，而經過牠認可的雄魚會得到允許，在卵上撒下魚精液。雄魚之後會積極守護那些卵，不讓任何競爭對手靠近。這些雄魚在遼闊大海成為英勇鮭魚，才剛返回家鄉，血脈裡的荷爾蒙轟隆作響——生理最近剛發生快速深刻的變化，幫助牠們完成這特殊任務；其色彩變成紅色，有幾種的背部還會長出大大的隆起物，上顎呈現厲害的鉤狀，還有像犬一樣的牙齒可以攻擊其他雄魚……

……如果牠們知道有雄魚存在的話。雄魚在這所有廝殺混仗中，掀起睪固酮與泡沫大戰。但就在這五十公斤龐然大物互毆的不遠處，便有從未出海的幼鮭。生物學家稱這些個體為「早熟幼鮭」，或者在動物的脈絡中則是「偷偷摸摸的雄魚」。[122]之所以稱這些幼鮭魚早熟，是因為雖然牠們已性成熟，朝外界傳遞的訊息卻是沒有威脅性的少年郎；大搖大擺的雄魚並不知道這些少年郎已構成威脅。「偷偷摸摸的雄魚」正如其名，一有適當的機會出現，就會讓大批的卵授精。

雖然雌魚個體的卵被早熟的幼鮭魚授精的情況並不多，但還是有一定的發生頻率，而這些雄魚擁有下一代的機率通常超過百分之二十。如果以努力和報償的觀點來看，早熟的優勢很清楚，但並非完全如願以償；許多早熟的魚無法在某個季節讓任何卵受精，因為會遭到霸氣雄魚與明辨的雌魚趕走。早熟只是一種策略，而它就像出海幾年一樣，會依照不同年份與綜合條件而有不同的代價與利益。

§

無論是雌鮭魚或是占有優勢的雄魚，都會被早熟幼鮭魚欺騙，其行為會把不想的基因強加到沒起疑心的雌魚身上，也讓雄魚自以為已成功讓這批卵受精。這種偷摸摸的戲法有效破壞了雌魚的性偏好，讓早熟幼鮭魚的陰謀得逞，卻犧牲雌魚的意

121 原註：事實上，非軟骨魚綱（也就是除了鯊魚和其他親屬之外的魚）鮮少會擁有插入器官——也就是可在雌性體內授精的器官。有些物種的魚鰭調整過後，可以執行這項功能，然而這類魚很少見。

122 原註：或甚至是「見光死的魚版小王」，這就是魚如其名的情況，但沒辦法寫進科學期刊。

願——而這不是唯一的方式，還有無數的方式在其他地方演化。

兩性之間有兩大衝突區，第一是親職投入，葦鶯就是一個例子。第二則是交配與受精（在本章結束之前，還有另外一、兩個較少見的戰場實例）。後者並不是這麼明顯地不和諧，但道理和親職投入一樣。由於雌魚每次在繁殖事件中都必須比雄魚投入更大的資源，因此投資的價值就產生了不對等的情況；雌魚必須謹慎決定要允許什麼樣的魚為自己的卵授精，然而雄魚漫不經心點也沒關係。

想想看大型的哺乳類，例如前一章提到的太平洋海象。雌海象在死亡之前，能生出多少海象受到嚴格限制（大約是二十隻）。盡量確保所生下的幼海象能抵達性成熟，就能讓母象的終生適應度拉到最大，越接近百分之百越好。要達到這一點，其中一個辦法就是尋找最好的公海象。相對地，公海象沒有明顯的限制；理論上，只要交配機會允許（絕對可達數百次），想要多少小海象都可以，因此成為越多小海象的父親，其適應度就能盡量拉到最大。兩者的適應度限制並不一樣，這（很殘忍地）表示雌性的目標是百分比，雄性的目標則是數量，兩者鮮少能夠一致。這基本動態會產生許多詭計、殘忍與痛苦的情況。

臥底行動

二〇一八年，保育遺傳學家海倫·泰勒籌備一項新的募款，目的是紐西蘭一種罕見鳥類的保育與研究。這種鳥稱為縫葉吸蜜鳥，[123]讓泰勒感興趣的是近親交配對精子品質帶來的影響，她從一百二十八隻雄鳥身上收集樣本，比較其精子的活動力與功能，但她很快發現，這是個讓大眾參與的好機會。

泰勒與研究團隊成立一個網站，讓民眾花十元紐西蘭幣下注，看看哪隻雄鳥的精子跑得最快。「縫葉鳥精子大賽」（The Great Hihi Sperm Race）引來世界各地幾十家通訊社的注意，還有來自十七國的人們下注，最後募集到超過一萬一千紐幣，為縫葉吸蜜鳥的保育而努力。

泰勒博士率先體認到「新奇」這個因素，造就了精子比賽的成功，但這裡必須指出一個嚴肅的重點：精子游動的速度確實很重要（不光是在乎保育的賭徒認為很重要），因為雄性之間的競爭並不會在交配時就停止。的確，雌性可以在完事後又馬上找

123 原註：hihi，也稱為 stitchbird，學名 *Notiomystis cincta*，或許是因為這種鳥的叫聲聽起來像是「stitch」這個字。

到另一名雄性來交配，因此接下來究竟是誰能留下子代，就完全碰運氣了，而任何未察覺這種風險的雄性，是不會留下後代的。對雄性動物來說，標準的第一道防線就是乾脆在交配後監督雌性，確保沒有其他雄性會趁虛而入。這就是「衛偶行為」，有時會顯得窩心，且如果第一個雄性是雌性刻意挑選的，那這情況可能很符合雌性的需求。不過，更可能的是，雌性會想先保留由高品質性伴侶讓卵受精的選項——如果後來恰好碰到這樣的伴侶的話。先出現的雄性受到選擇壓力的影響，必須阻止這種狀況發生，而雌性也有回應的壓力，要保住自己的能動性。然而此時的衝突仍算是比較一般的，其中雄性要彼此爭鬥，正如在任何交配發生之前可能要做的事。這麼說吧，一直要到「開火」之後，戲劇化的部分才真正展開。

精子的競爭是性擇的分支，雄性爭相贏得雌性的芳心，只是戰鬥場地是在體內，且發生在交配之後。相對於兩隻公鹿以鹿角爭鬥以贏得接近母鹿的機會，想像一下，牠們派出精子戰隊，在雌鹿的生殖道彼此爭鬥（或許畫面不是很適合拍攝出來，但如此描述依然很精準）。不令人驚訝，精子還是會使出基本招數，例如增加游泳速度、數量與能量儲備，然而，以精子為基礎的軍備競賽已有數百萬年的歷史，同時還有更複雜的情況，絕不是只有準備步兵而已。其中有兩場核心競賽：第一是雄性之間的敵對，另一個則是雌性對抗某些雄性的精子——雌性不願意讓自己的卵與這些雄性的精子結合。

雄性能用純粹的技巧提高賭注，也就是確保精子盡可能放在離卵最近的位置，而這促使牠們演化出精巧的插入器官（對，就是在說陰莖的大小與形狀之類的）。當然，這樣的做法會導致雄性之間的軍備競賽以及雌性的反適應，因而造成一些奇妙的現象，例如公阿根廷湖鴨[124]的陽具[125]可以達到四十二點五公分——比這種鳥的身體還略長一點。此外，呈現螺旋狀的陽具就像是拔除軟木塞的開瓶器，這無疑是回應雌性身上螺旋狀的陰道。雪菲爾大學（University of Sheffield）的派翠西亞．布雷南（Patricia Brennan）與其同僚，在鴨雁物種上發現令人沮喪（也算是可預測）的事實：生殖器的複雜度與強迫交配的比率之間的關係；如果雌性越常引來不中意的雄性注意，則陰道構造會越複雜，不僅有誇張的深度與形狀，還會發育出死路般的洞穴，擋住精子的通道（附帶一提，在此似乎必須說明布雷南另一項研究的結果，也就是公紅面番鴨的陽具在零點

124 原註：Argentine lake duck，學名 *Oxyura vittata*。

125 原註：嚴格說來，鴨子的插入性器官並不是陰莖，因為那是從身體不同的部位與不同路徑演化而成。沒有多少鳥類有這樣的器官，大部分早在數百萬年前就已經消失；鴨子等鳥類似乎是將它重新演化而生，無怪乎和其他脊椎動物的陰莖發展史並不相同。我之後會用陽具這個字，反映出這細膩的不同，也表示許多非陰莖的結構亦可能用來傳遞精子（例如蜘蛛的觸肢）。

三六秒間，就能達到外翻狀態，也就是達到勃起，這顯示尖端可達到的速度是每秒一點六公尺。實驗也證明，外翻在筆直或逆時針螺旋玻璃管中更成功，而在模仿母鴨陰道的順時針螺旋管，或在彎度一百三十五度的管子中，都比較不成功。我想艾登堡[126]應該還未提過這項研究）。

陽具的適應變化，並不是增加長度或曲度就夠了；經常還出現刺與鉤，這樣才能讓雙方固定在一起的時間拉到最大，確保精液能完全送出。陽具尖端通常也搭配特殊構造，讓雄性移除任何已存在於雌性生殖道的其他雄性精子。舉例來說，前面提到的番鴨有像刷子的尖端，而豆娘的陽具有彎曲如勺的附屬物，還有逆向生長的毛。

比起陰莖型態升級，性衝突所驅動的化學適應組合更有效。在這些當中，最顯眼的是由副腺體分泌物凝結而成的交配「栓」，可以擋下精子進一步接近卵，有效地強迫雌性守貞。交配栓很常見，在許多蛇、蜥蜴、靈長類、囓齒類、靈貓科[127]、蟹與蝴蝶等物種都看得到（就某些蜘蛛與蒼蠅而言，交配栓就是可以折斷的插入器官，確實不需要經過複雜的演化）。

為了避免聽起來太偏重一方，現在來看看雌性的回應。雌性的回應遠不只是複雜的體內架構；在交配期間或之後，有一整套由雌性主導的機制會運作，嘉惠特定雄性的精子受精。的確，「隱性雌性選擇」是現代生物學中最多元迷人的主題。首先是在交配時展開，這時雌性或許能在恰當時機中止性交，讓某些雄性的精液射入量最少，而其他雄性最多；舉例來說，雌性水黽[128]有又長又彎的腹部脊椎，因此雄性很難抓牢雌性完成交配，也讓雌蟲擁有一些掌控權。

就算是成功射精的雄性，也不保證能得到成功結果，即使後來沒有半路殺出程咬金除掉精液也一樣。這是因為，許多物種的雌性有辦法分隔不同雄性的精子，也可以選擇性加以遺棄。精了也會面臨經常性的吞噬作用（換言之，就是受到免疫系統攻擊）、消化，或者被殺精劑變成惰性。就連精卵結合的結果，也會受到雌性的左右。舉例來說，海膽卵會選擇性接受的精子，是擁有與自身表面蛋白質類似的精子，這種蛋白質就稱為「親緣蛋白」（bindin）。

126 譯註：指英國知名生物學家大衛・艾登堡爵士（Attenborough）。
127 原註：靈貓科（Viverridae）的成員，這一科是肉食性哺乳類，主要有麝貓與獴。
128 原註：pond-skater，英文也稱為 water strider。

有毒的男子氣概

然而，這些反適應之舉都無法為雌性完全消除精子大戰所帶來的負面衝擊，而那些衝擊在演化上有何意義，依然引來相當多討論。諸如衛偶、侵略性交合、移除對手精子，以及交配栓等適應行為，會限制雌性對生殖選擇的掌控權（效果有大有小），都伴隨著降低雌性適應度的效應；儘管這對雌性來說已是明顯的不利，精子大戰的其他產物甚至更嚴重。黃果蠅（*Drosophila melanogaster*）是實驗室的常客，其精液就是很好的例子。精液中的蛋白質有幾種影響，包括摧毀其他雄性的精子、刺激雌蟲排卵，以及阻撓雌蠅繼續交配的可能。這樣已經夠糟了，但實驗證據顯示，這些精液根本有毒，也就是說，交配對雌果蠅是危險的。

不只如此。研究發現，人類並非唯一會執行女陰殘割的物種。雄性豆象[129]的陽具長有硬化的刺，會在交配時伸出，損害雌蟲的生殖道；而實驗室的研究說明，如果雄性之間的競爭加劇，則雄蟲會演化成施加更嚴重的傷害。即使那些看似稱心如意的雌性，在交配時也可能承受傷害：幾種圓網蜘蛛（這類雌蜘蛛經常會吃掉雄蜘蛛）的雄蛛會弄斷垂體（scapus），也就是雌蛛外生殖器的重要交配結構，這麼一來就能確保雌蜘蛛無法再交配。相對於失去未來的交配機會，雖然雌蛛事後可以吃掉雄蛛這回事，但或許也無法帶來太多安慰。不過雌蛛還是比雌床蝨幸運多了。臭蟲屬底下有兩個種的雄蟲會使用「創傷性授精」，也就是皮下注射精子，讓精子直接從雌蟲腹部打出的洞灌進去。這個過程確實就和聽起來一樣恐怖、一樣機械化，這並非不幸的雌蟲缺少可用的生殖道，讓追求者無法用傳統方式授精（畢竟卵總是得從某個地方出來），但雄蟲對此就是選擇視而不見。感染也很常見，導致雌蟲會因交配過程而降低存活率，根據估計，交配的頻率是雌性獲得最佳生殖適應度的二十倍。[130]

雌性付出的代價很明顯，但其配偶也是。畢竟到目前為止，做出上述罄竹難書、缺乏紳士風度行為的各個物種，其所有雄性對親職計畫的付出都僅止於提供精子（除了付出生命代價的雄蛛）。因此合理的推論是，傷害那些牠們預期要負責產下（有時也包括養育）健康後代的個體，這行為某種程度而言是適得其反的。當然，正如演化生物學的一切，我們應該預期到，每個成員彼此之間有成本效益要取捨，而傷害你的後

129 原註：四紋豆象（*Callosobruchus maculatus*）。
130 原註：創傷性授精也出現在幾種節肢動物上，包括蟲如其名的捕潮蟲蛛（*Harpactea sadistica*，sadistica 是虐待之意）。

代的母親，只不過是「缺點」欄裡的一個項目，這一點很容易被牠生下**你的**後代（而非別人的後代）而掩蓋過去。有些生物學家更進一步認為，在某些情況，傷害一名雌性可能會是「優點」欄的項目，換言之，就是傷害有時會是天擇所青睞的，是刻意為之的。

目前這概念雖然缺少實證支持，但數學模型已經說明，所謂「適應性傷害」（adaptive harm）基本上是**可能**演化出來的——比方說，傷害造成雌性改變生殖投資模式。本章其他地方已討論過，在任何時間點，雌性都可能為了達到目前後代與潛在未來後代之間的最佳平衡點，而選擇要投入多少力氣繁殖；以生了一隻幼獅的母獅為例，這隻母獅可能選擇中斷給予目前這隻幼獅的投資，以節省資源，供未來更有收穫的生殖使用。然而，如果母獅認為自己帶完眼前這一胎後就命不久矣，那最合理的做法是把所有力氣投入到**現在**。因此，雄性在交配時對雌性造成的傷害，可能讓雌性為這一任配偶的子嗣投入一切，不保留任何資源給未來。唯有當雌性數量太少時，雄性才會認為這是很糟的策略，因為牠在未來要與雌性交配時可能會找不到對象。當然，從雌性觀點來看，如果傷害一定會發生，那麼無論雄性是「偏好」傷害雌性，抑或只是把附帶傷害視為可負擔的成本，都不重要了，因為無論如何都會被傷害。

有一點倒是不會有爭議：這裡的動能和第四章談到的性擇動能可以相提並論，也就是長期來看，整體的物種似乎都會朝讓自己**更糟**，而不是更好的方向演化。對於雄性個體來說，好處很清楚——其侵略性的交配策略，可以鞏固自己為父的地位，因此促進其基因譜系延伸得比對手還久——就連雌性接受者也能透過兒子的成功率提升，而獲得非直接適應度，因為未來牠的兒子也會使出相同的招數來對待不幸的配偶。但如果有誰可以揮一下魔法棒，灌注其他機制，讓雄性願意在不傷害雌性的情況下，分享相同的生殖戰利品，那麼毫無疑問，這個物種的個體健康與適應度都會增加。

§

有性生殖所牽涉到的代價，說明了貫穿本書的一項主題，亦即動物透過一種過程來演化，這過程理該通向越來越強的環境適應性，然而似乎從未朝這個方向前進。這些失敗可歸因於先前討論過的衝突，包括在物種之間與個體之間的衝突（第一、二、三章）、家族內的衝突（第六章），以及性伴侶之間的衝突（第四、七章）。還有進步的衝突存在於基因，以及帶有這項基因的個體之間（第五章以及其他地方），雖然基因像是霸王一樣到處漫步，只有一種物種（也就是我們）成功地大幅破壞基因霸權。

在本書提出結論之前，接下來的兩章會把注意力放在演化侷限的另一個相當不同的層面，也就是面臨多變的環境時，若缺乏監督會發生什麼事。這並不是生物之間勝敗的問題，或是基因靠著犧牲某些個體而得利，而是基因對抗一些艱困的外在現實。第一個現實情況就是無法預測未來，因此雖然每回變化都以基因的利益為考量，但沒有人放眼未來，觀察何時會出現變化，或是變化後將面臨什麼環境條件。結果就是，以生物身體展現出的生理設計，永遠慢了半拍。

第八章

演化的陷阱與末路

The End of the Line

時代錯置（Anach · ro · nism），名詞
一、電影、文學等等在呈現某件事時，出現年代錯誤。
二、一個人或事情錯放在不該出現的時間。

我們曾在第六章偶然提及小馬快遞所碰到的命運轉折。這家公司把郵件袋往美國西部送的服務才問世十週，國會就通過補助，要提供經費給連接美國東西部的電報系統。加州「陸上電報公司」（Overland Telegraph Company）與內布拉斯加州「太平洋電報公司」（Pacific Telegraph Company）的崛起，把小馬快遞推向了隕落了的結局。當然，這只是一個產業，還有千千萬萬個產業在改變中受害，同樣的災難也發生在僅僅一個世紀後，電話篡奪了電報的地位。

史上第一支公共電話是在一八八一年於柏林安裝，而在此僅僅五年前，亞歷山大·格拉漢姆·貝爾（Alexander Graham Bell）才獲頒美國「電報科技改良」的專利，而到了一九九九年，光是美國就有兩百萬支公共電話。但是到了二〇一八年，只剩下百分之五還在運作，因為被行動電話淘汰了。

動物也發生過差不多的情況。

演化最佳賞味期

說**所有動物總是**慢半拍，從被孕育出的那一刻起就時空錯置，這其中隱含的意義好像微不足道。回頭想想第一章的豹海豹，在經過許多世代之後，其牙齒似乎能回應食物比例的變化：磷蝦豐富時，就有比較細的鋸齒狀牙齒；如果是企鵝與海豹數量比較多的時候，則牙齒就會更堅硬穩固。目前看起來沒什麼問題——只要環境變化，豹海豹就能適應調整，符合新挑戰，這就是天擇的精髓所在。不過，障礙出現了：牠們無法立刻改變，總會延遲些。想想看，有個世代的豹海豹六歲了，其中大部分會來到性成熟的階段。這時的牠們最需要具備掠食適應能力；雌性必須提供更多食物給嗷嗷待哺的寶寶，而雄性則得在最佳狀態，才能吸引雌性。然而，這群豹海豹最初的牙齒型態分布是依據父母世代的成功繁殖率所決定，而那反映出的是**六年前**食物的供給型態，而不是當前的狀況。因為這些年的情況可能會改變，因此那一群豹海豹之中可能有些個體會缺乏最好的工具來進行這項任務，牠們擁有在過去是很理想的牙齒，卻沒有符合當下最需要的牙齒類型。

會說這意義微不足道，是因為這種延遲回應的程度不太可能導致很嚴重的影響。任何動物頂多就是落後一個世代的時間，而對絕大多數的物種來說，這時間太短，只會有很少的外觀變化。唯有在世代間隔差異很大的物種之間產生敵對互動時，問題才會發生（想想看長壽的脊椎動物，例如人類，以及短命的病原體，例如結核桿菌之間的軍備競賽），或者在很罕見的例子，演化的延遲比一個世代還要大。後者所述的情況很符合關島的鳥禽所面臨的問題，這些鳥類長久以來在沒有蛇的情況下演化，卻突然在幾千年以後面臨蛇的威脅。但有時候，就只是有時候，情勢迅速變化，於是整個物種可能會在這種歷史轉折點落入深淵。

斯特拉與海怪

海牛目是一小群海洋生物，其祖先走的路線與鯨豚類（海豚、鯨魚和鼠海豚）平行，早期先在陸地上生活，之後再回到水中。今天，這群動物由四個物種代表：儒艮，以及三種海牛。從基因分析來看，牠們和陸地上最親近的親戚是大象，但是海牛目和大象卻大不相同。現存的海牛屬完全是水生的，有豐滿如桶的身體，前肢則是短短的橢圓鰭。後肢已完全消失，而運動能力則是靠著尾部末端的槳拍動，那可能是橢圓形（海牛）或者Y形尾（儒艮）。牠們有鈍鈍的臉，還有能抓住東西的大嘴，用來吃草與咬碎水生植物，而牠們也只有臼齒。雖然遠遠一瞥，是不太可能把這種動物誤認為美人魚，但比較可能看成有異曲同工之妙的另一號神話人物，且悄悄藏在科名中：Sirenia（海牛科），Sirenia 指的是希臘神話中的賽蓮（Sirens），那迷人的呼喚迫使奧德修斯把自己綁在船桅上，以免自己受不了誘惑跟了過去，步上黃泉。[131] 雖然各種的大小不同，但儒艮鮮少超過四公尺，而最大的海牛可能有五公尺長。不過，一七四〇年，德國動物學家兼醫師蓋歐格．斯特拉（Georg Steller）搭乘聖彼得號，在為期十年的「第二次堪察加探險」（或稱「大北極探險」）穿越白令海時，碰上另一隻海牛，而且大了許多。

到了一七四一年秋天，聖彼得號的船員飽受壞血病與其他疾病之苦，幾乎無法操縱索具。十一月，他們發生船難，地點是在後來稱為白令島的地方——是科曼多爾群島（Commander Island group）中最大的一座島——船長[132]與二十八名船員最後在這裡殞

131 原註：這是《奧德賽》的英雄所做的許多道德不容的越軌行為之一，它拓展了「英雄」一詞的定義。
132 原註：維圖斯．白令（Vitus Bering），這座島嶼（和海洋）就是以他命名。

命。斯特拉則活了下來，在這島上的十個月仔細完成植物、動物與地質學觀察工作。然而，並不需要科學家的火眼金睛，就會發現有一種十噸重的海洋怪物，在海岸的淺水處大啖海帶。

後來，這怪物被稱為斯特拉海牛（Steller's sea cow，也稱大海牛、無齒海牛與巨儒艮），牠和儒艮的親緣關係最近，也和儒艮一樣有著岔尾，但是除了大得出奇的身材之外（成年斯特拉海牛大約八、九公尺長），還有些特殊之處。斯特拉海牛沒有牙齒，是用一對扁平的角蛋白板來咀嚼，身體包覆著厚厚的脂肪，就像在類似區域出沒的鯨魚。重要的是，據信這種海牛的浮力極強，很難潛入水中；這表示斯特拉海牛受限於淺水區，這裡不需要潛水就能取得海草為食。如此也解釋了為何斯特拉海牛擁有超厚的皮膚，為的就是應付身體在淺水區時經常與岩石及冰塊摩擦。然而，這也為斯特拉海牛設下歷史性的致命圈套，無法逃脫。

這個陷阱眾所熟知——張開大口的巨大陷阱，裡頭吞進了不知多少種生物，從旅鴿到袋狼都包括在內，也有渡渡鳥與大海雀。在沒有人類的漫長地質時代中，這些動物演化成適合在世界上某些環境下生存的物種。後來，人類出現，世界變了，有些物種根本無法應付，斯特拉海牛就是其中一種。等時間來到動物學家斯特拉與他貪婪船員最初發現這種海牛的時代，這種生物已成了稀有動物。即使日本與下加利福尼亞兩地距離遙遠，都曾有這種海牛在更新世所留下的痕跡，然而到了現代，在科曼多爾群島之外幾乎找不到可靠的證據，證明有斯特拉海牛族群生存。斯特拉海牛早期的族群縮減究竟是否該怪罪人類，尚不得而知，但壓垮這族群的最後一根稻草，無疑是來自人類。斯特拉描述這種海牛的年代，估計尚有一千五百到兩千隻，但是到了一七六八年底，已沒有任何一隻存活。

簡單來說，濫捕就足以讓斯特拉海牛無法承受。這種龐大、笨重的動物對於人類幾乎無法設防，如果你擁有可以刺穿海牛皮膚的魚叉（以及把牠拖離水中的方法），就能對牠予取予求。獵人確實也沒跟牠們客氣，但他們最有興趣的並不是海牛。斯特拉與生存下來的船員滯留在白令島上時，吃掉了大量動物，其中包括將近千隻的海獺。海獺的毛是哺乳類當中最密的，其皮毛非常珍貴——前聖彼得號船員在返鄉後發現。俄羅斯在擴張領土到西伯利亞的過程中，經費幾乎都來自紫貂（一種貂鼠動物）[133]交易，而每隻海獺皮毛的價格都是紫貂的二十倍。不出意料，毛皮獵人聽到這種奇妙的

133 原註：指的是幾種鼬科動物，其他鼬科動物包括白鼬、黃鼠狼、水獺、獾等等。

新獵物時，一分鐘都不浪費，趕緊前往科曼多爾群島，於是海獺很快滅絕。

長達一個世紀的「大獵捕」結束後，共有上百萬隻海獺遭到殺害並被扒下了皮毛。白令的探險活動已經確認，俄羅斯與美洲大陸之間沒有陸橋相通，但這條航線是可以航行的，阿拉斯加南岸有豐富的毛皮動物。在接下來的二十年，俄羅斯毛皮獵人穩定朝東方，沿著阿留申島鏈前進，在一七六〇年代來到了阿拉斯加。在這過程中，他們先和阿留申島上的原住民交易，後來奴役他們，強迫他們獵捕海獺。

同時間，海獺的消失在科曼多爾群島引發了生態災難。海獺會在水下的海帶林覓食，牠們最愛的獵物之一就是海膽，海膽則是吃海帶。海獺無法接近深水處的海床，否則會缺氧，因此海帶會產生保護性的化學物質，限制海膽與其他植食動物的植食行為；若是少了這些化學物質，海帶就會被吃光。然而，淺水區的海膽數量一直受到海獺限制，這麼一來，海帶葉分泌保護性毒素也只是白費精力，於是根本不會分泌。但如果沒了海獺，問題也就來了，海膽會大量繁殖，把靠近表面的海帶吃得一乾二淨，連同其他仰賴海帶的各種生物也遭殃。

回想一下斯特拉海牛，牠擁有超強浮力，並仰賴岸邊淺水區的海帶，這表示得依賴海獺保護海帶，也表示毛皮獵人來到此地獵殺海獺時，這脆弱的結構就垮了。過往的歷史善意欺騙了海牛，被歐洲人發現僅僅二十七年後，這種海牛就滅絕了。

§

大約在五千萬年前，有第一隻海牛遠離陸地，自此到十八世紀初期，天擇漸漸創造出一種龐大笨重的動物，得以在北太平洋的海岸淺水區成功活下來。這種海牛的祖先是在單行道前進，卸除不必要的裝備，也沒注意要撿起額外的裝備。由於沒有掠食者出現，海牛不必啟動必要的防護性狀，例如飛快的行動速度，或者讓身上充滿不可口的毒素，因此這些性狀從未發展出來，加上淺水區也一直都有海帶可吃，所以不必拋棄保暖脂肪所帶來的浮力，以換取潛入深水區尋找其他食物的能力。海牛成了特化物種。牠對自己所處的環境越是適應，來到不同的環境就越顯脆弱。以嚴格的比喻來說，海牛被騙進自我感覺良好的狀態，這種狀態會因為人類搭船到來而快速崩解。

然而，人類並不是環境快速變遷的唯一原因；這災難其實有很漫長的歷史。

大到不能不倒

六千五百萬年前的地球，當時人類尚未登場，世上幾乎所有大型陸生動物都面臨急轉直下的命運。其中有一種是施氏無畏龍（*Dreadnoughtus schrani*），這種植食性恐龍從鼻子到尾部的長度是二十六公尺，根據估計，體重介於三十到五十公噸。施氏無畏龍隸屬於一個相當多樣的繁盛族群，稱為蜥腳下目（sauropod）。蜥腳下目包括許多廣為人知的巨龍，例如腕龍屬（*Brachiosaurus*）、梁龍屬（*Diplodocus*），以及雷龍屬（*Brontosaurus*）[134]，全都是四足動物，且有長長的尾巴，長長的脖子，並搭配小小的頭。許多蜥腳下目會長得比任何陸生動物還大，無論是比牠們更早或更晚出現；最大的或許會超過一百公噸（比兩百三十個座位的波音七三七的最大起飛重量還重）。相較之下，最重的非蜥腳下目動物，也就是鴨嘴龍科的山東龍屬（*Shantungosaurus giganteus*），約是二十噸重——大約和最重的陸上哺乳類差不多，也就是已滅絕的納瑪象（*Palaeoloxodon namadicus*）。[135]

蜥腳下目為何變得如此巨大，這問題引發許多研究與爭議。多數古生物學家會先假設越大越好；植食性動物體型越大，消化就越有效率（至少理論上是如此，因為食物停留的時間會較長），面對掠食者的風險也較低。難解之謎並不是牠們**為什麼**會那麼大，而是**如何**變得那麼大，以陸生族群來說根本是空前絕後。這裡出現了兩種明顯的限制（兩種都不適用於水生物種，例如鯨魚，有幾種鯨魚比最大的蜥腳下目還大）：首先，身體較大的話，光是到處移動就會導致更高的能量成本（水帶來的浮力可以大幅減少鯨魚要對抗的地球重力）；第二，龐大的桶狀身體讓身體更難散熱（同樣地，這個問題在水中也可解決）。

第三個問題比較不明顯，除非思考蜥腳下目的整個生命歷程，而不只是其成年型態：成長速度必須快，因此代謝效率必須要很高，否則身形巨大帶來的好處就會被人幅犧牲；對於相對較小的年輕蜥腳下目來說，在面對飢餓的暴龍時，就算想到四十年後的自己就會大到對方無法攻擊，恐怕也無法帶來多少慰藉。蜥腳下目需要解決這所有問題，才能取得巨大怪物的聖杯，而牠們似乎能將特性以特定方式結合，來做到這

134 原註：比較愛掉書袋的讀者可能想要確定，雷龍是否已經是公認的一種屬，因為牠長久以來被認為是迷惑龍屬（*Apatosaurus*）的「類似詞」（意指後來出現的不適當的重新命名）。根據一項二〇一五年的研究，這兩種生物有充分的差異，因此隸屬於兩種不同屬。

135 原註：現代非洲象最多七公噸重。

一點。

多數植食性動物都有臼齒，其工作就像研磨板，用以分解植物再送進胃部，但是蜥腳下目的牙齒很小，適合吃樹葉或嫩枝，不適合磨碎。這些食物顯然沒有經過徹底咀嚼就吞下肚，雖然這樣會對胃部造成更多負擔（因為大型食物比較慢分解），但也表示頭部可以不用太大，因此上脖子能變長，不會增加太多槓桿力量。可移動的長脖子或許對蜥腳下目的繁盛來說很關鍵；牠們不僅能取得體型較小的競爭者無法取得的植物，也可讓長脖子動物站在原地就啃食大範圍的植物，明顯節省能量。同時，只要讓食物停留久一點，就能達到消化的目的——如果你很龐大，這就不是問題。所以，頭部較小就能容納長脖子，抵銷龐大身體的成本，因此接下來可以處理因為缺乏咀嚼而產生的額外消化需求。然而，脖子的大小本身也會衍生問題，必須吸入大量空氣才能抵達肺部（稱為呼吸的「無效區」），理論上，這種限制應該會壓抑脖子長度與身體大小的比例，但蜥腳下目有解決方式。

哺乳類呼吸時，動態類似「潮汐」，也就是在吸氣階段，空氣會進入肺部，並且在呼氣時，空氣經由相同的通道退出。鳥類的系統很不同，肺相對僵硬，在呼吸週期時體積沒有明顯變化，只會讓單向的氣流通過。鳥類也可以有多達十一個氣囊，其功用就像風箱，讓空氣到處移動。氣囊有的在肺部前，有的在肺部後，而支氣管與呼吸閥的安排是，在吸氣期間，氣管的空氣（亦即新鮮、充滿氧氣的空氣）會前往兩個不同的地方。約有一半的空氣會被拉進肺部，變成脫氧狀態，然後送到前氣囊，另外一半繞過肺部，進入後氣囊。在吐氣時，兩種氣囊都會把空氣趕出身體外，其中前氣囊的空氣會直接進入氣管（之後排出），而後氣囊的空氣則會行經肺部。

這樣的安排很有效率。因為含氧空氣會在吸氣（從氣管）與吐氣（從後氣囊）時通過肺部，這麼一來，血液就一直都含氧。在哺乳動物系統中，這樣的氣體交換只會在吸氣時發生。此一安排的另一個優勢是，這些氣囊會改善散熱，這對供應飛行動力的胸肌有散熱效果。

或許你猜得到我接下來要說什麼。這種創新的呼吸系統似乎不只在鳥類身上出現，蜥腳下目在脊椎上也有氣囊，而雖然我們無法完全確認這些非骨骼的氣囊存在，但從與鳥類比較型態學的研究上，有證據顯示當時世界上也是有鳥類的。這就是蜥腳下目的王牌。若是擁有鳥類的呼吸系統，蜥腳下目就能更有效率地交換氣體，減輕無效區的問題，也能助長快速成長所需的代謝，同時避免後續可能發生的過熱。從蜥腳下目的骨骼顯微鏡研究證據來看，牠們確實達到了顯著的成長速度，最大的蜥腳下目個體體重可在二十年間增加四個量級。[136]相較之下，現代爬蟲類的代謝活動根本看不到蜥腳下目的車尾燈。

想當然爾，巨大的蜥腳下目有巨大的食量，最大的個體可能一天就吃掉兩百公斤的植物——這數字聽起來也還好？但一年可是高達七十三公噸呢。在一億年的期間，這食量都沒造成問題。植物很豐富，蜥腳下目不僅有長脖子，可以取得任何植物（許多時候根本不必挪動腳步就吃得到），（成年後）也夠龐大，因此可以慢慢吃，不必查看是否有掠食者。六千六百萬年前，施氏無畏龍正處於全盛時期，貴為最巨大的陸生動物。然而，就在這時，世界變了。

明確說來，是有個十一公里寬的隕石擊中地球，落在今天墨西哥北部的猶加敦州（Yucatan），威力比一九四五年同盟國朝廣島扔下的原子彈還高出數十億倍；這塊隕石砸出一個隕石坑，直徑超過一百八十公里，深度超過二十公里，讓周遭海水沸騰，且撞擊出一塊塊數噸重的石塊，速度快得足以脫離地球大氣層。這些噴飛的物質再回來時，又會被加熱到白熾，產生全球性的熱脈衝，會燃燒的發射物如雨般朝森林落下。同時，巨大的震波傳遍地殼，在整個地球引發地震與海嘯。事發現場方圓五百公里內的陸上生物幾乎難以在接下來二十四小時存活，但更糟的情況還沒發生。這次撞擊掀起的塵土、煙灰與化學氣溶膠，遮蔽陽光達十年之久，導致全球氣溫下降攝氏十度，植物與浮游生物很難行光合作用，而吃植物與浮游生物的動物很快就餓死了。最大的動物，也最缺乏彈性。

§

正如斯特拉海牛，以比喻的方式來說，那就是施氏無畏龍也被騙了。牠把所有的蛋都放進巨大的籃子裡，這策略只有在環境很能被預測的情況下才算是好策略。只是，當豐饒的時代過去，每年吃七十三公噸植物的習性會變成致命的負擔，而小動物——尤其是什麼都吃的食碎屑動物（detritivore）——幾乎[137]只有身體質量低於二十五公斤的動物，才逃過了數百萬年的穩定所設下的陷阱，成功爬出白堊紀的廢墟。

136 原註：也就是從出生時的十公斤，在二十年內變成十萬公斤。這相當於人類的寶寶在成年時變成九百公斤。

137 原註：例外的包括一些鱷目與海龜。那些動物或許是在河口灣的環境生存，並未仰賴光合作用的活動（這是陸地與海洋生態的基礎）。河流或許保留（也運輸）大量的腐爛植物，食碎屑動物進而分解這些植物，而食碎屑動物又支撐起掠食者的網絡；那些食物網最後會滿溢出河口灣。

跌入演化的盲區

海牛、蜥腳下目及許多其他瀕臨滅絕的群體會受到己身阻礙，但是對於那些被自身行為阻礙的物種，還有更幽微的陷阱等著牠們——更精準地說，阻礙牠們的是行為演化的結果。這個過程不妨以我們熟悉的例子來說明：飛蛾會環繞著火焰或燈泡飛。這對於飛蛾來說顯然是錯誤之舉，卻是依照某種規則所演化的習性而來。蛾在飛行時，會靠著與月亮的關係來導航，但月球距離地球很遠，如果蛾在飛行時，希望讓月亮和飛行方向保持在固定的角度，則會直線前進。這很有用，但前提是月亮是夜空中唯一發亮的物體，因此，人造燈光也帶來了兩個問題：（一）人造燈光太多，可能從四面八方出現；（二）比月亮近得多。第二點比較明顯。雖然月亮夠遠，可說是物理學家說的「光無窮遠」（optical infinity），但你家車庫前的安全照明燈卻不是無窮遠。蛾在飛行同時，讓燈光與其所前進方向保持在固定角度，就會變成朝著光螺旋飛。最後就會撞到玻璃，如果是明火的話，就會飛蛾撲火。

蛾會因為環境中的變化而死，但不是只有蛾如此。蜉蝣這種昆蟲一生（可能有幾年那麼長）大部分時間都以掠食性若蟲的型態在水底下度過，成蟲之後會浮出水面，但這時的牠們缺乏適當的口器，其存在只是為了育種，幾天後就會死亡。多數物種的雌性蜉蝣多半把卵產在池塘、湖泊與其他淡水表面，卵會沉到水底下並完成發育。不過情有可原的是，蜉蝣對於水的概念並沒有充分理解。相對地，蜉蝣把焦點放在這種液體的一項特色，那是在其他地方不容易找到的偏振光。水的表面不會完全反射其所接收的光，只反射在幾個平面內振動的部分光波。[138]蜉蝣會利用偏光來辨識聚集、交配與產卵的地方（換言之，就是尋找水源），早在恐龍時代之前，使用這種方法就一直收效甚佳。[139]然而現在瀝青出現了，農田會使用黑色塑膠布，汽車有擋風玻璃，林林總總的人造表面都會反射偏振光，於是每年有數百萬的蜉蝣會聚集在溪邊的乾燥路面，並在上面產卵。不用說，這些卵是不會孵化的。

生物學家稱這種普遍的現象為「演化陷阱」，其定義是原本可適應、演化的行為，在新條件下變成適應**不良**的情況。那些行為通常牽涉到非直接的線索（例如偏光等於

138 原註：有些墨鏡也是以相同的原則運作，光波只能通過幾個面。如果把兩個偏光鏡片疊在一起，並把其中一個轉九十度，就會完全擋下光線。

139 原註：大約是三億年前結束的石炭紀，就有蜉蝣存在。

有水），而新條件常肇因於人類改變了環境，例子不勝枚舉，有些更是刻意為之。在飛蠅釣很常見的河流與湖泊，鱒魚如果沒有大啖在水面掙扎的蒼蠅的習性，勢必會擁有更好的處境；如果只吃水面下的食物，例如昆蟲若蟲、蝌蚪與魚苗，就會安全得多。然而，垂釣者樂見鱒魚依然頑固地對這事實渾然不覺。其他諸如大量蜉蝣卵犧牲的例子，則純然是悲慘的意外。海龜也有類似的恐怖案例，這種生物並未利用味覺或嗅覺辨識所吃的水母（主要是因為這些感官在水下不那麼有效），牠們完全仰賴視覺，正因如此，許多海龜都吃下無法消化的塑膠袋而死亡。

人類在文明發展的旅途中，也不免落入這些陷阱，較明顯的例子是過度攝取甜食，導致第二型糖尿病、心臟病及各種健康問題。在人類物種歷史的大部分時間，如果意外獲得高熱量食物，例如蜂巢的蜂蜜，那麼狼吞虎嚥是個好辦法，因為整體而言，食物是相對稀少的，沒有得避免長期暴食行為的選擇壓力，畢竟很少（甚至完全沒有）個體會碰到有機會長期暴食的情況。然而，如果把鏡頭快速轉到現代世界，就會發現隨時都能取得大量、便宜與含糖量高的食物，而身體會狂吃的自然傾向就變成大問題。有些族群可能會及時演化出脫離的辦法，因為臨床上的肥胖與生殖力降低是有關的，但這時間框架恐怕不夠有幫助。到了那時候，傳說中的奶與蜜之地就會成為要避開的地方。

隨著我們日漸富裕，也為另一個物種創造出（潛在的）迷人飲食陷阱，那就是庫柏鷹（Cooper's hawk）。這些小小的掠食者認為都會環境很符合其喜好，理由有幾項，主要是都市不會有比較怕人的大型掠食者，因此相對安全，同時還可以找到築巢的地方。然而最大的吸引力是食物：城市有大量的鴿子。美國亞利桑那州的土桑市（Tucson）也不例外。一九九〇年代晚期，亞利桑那大學（University of Arizona）的柯林特．波爾（Clint Boal）與威廉．曼南（William Mannan）追蹤土桑以及亞利桑那州東南部幾處鄉間地區的老鷹繁殖力。他們發現，若不論地點的話，約有百分之八十的領地會出現有雛鳥的鳥窩，而每個鳥窩裡的雛鳥數量差不多。但是，當他們探究雛鳥羽翼豐滿（也就是長大離巢）的機率，每個地點的情況差異就很大了。在鄉村地區，成功長大的機率是百分之九十五，城市只有百分之四十九——大都會的生活害死了老鷹幼雛。

波爾與曼南想知道原因何在，而在檢視了帶回鳥巢的獵物後，他們得到了答案。以庫柏鷹在鄉間的表親來說，鴿子只占了食物的五分之一，在土桑卻占了五分之四以上。這並不意外，鴿子在城市裡常見得多，整體的鳥類多樣性則很低，但這也不是明顯值得擔憂的理由；鴿子是庫柏鷹能安全應付的最大獵物之一，因此這些掠食者會鎖定鴿子是其來有自。

然而不幸的是，鴿子也會攜帶禽鳥滴蟲症（avian trichomoniasis），病原是一種單細胞生物鴿毛滴蟲（*Trichomonas gallinae*），傳染性極高。家鴿愛好者稱之為「潰瘍」，但這生物不光是感染野鴿與家鴿；幾個世紀以來，獵鷹訓練師也知道有這種病（他們稱之為口壞疽），如果不予以治療，則鷹隼會快速死亡；甚至有證據顯示，暴龍也是因為感染滴蟲而產生病變。現在大部分的人都知道，在族群密度高的地方，傳染速度也快，因此城市鴿子會比鄉村鴿子有更多帶原者。土桑的鷹不光是比一般的鷹要吃了更多的鴿子，而且牠們吃下的每一隻鴿子，都可能讓自己染病。不意外，波爾和曼南發現，禽鳥滴蟲病是都市幼雛大量死亡的原因。

這就是演化陷阱[140]的特點，很類似我們人類嗜甜食的危險愛好。庫柏鷹依循過往「在食物多的地方築巢」的可靠準則，並在走樣的環境中承受後果。這環境有多得誇張的食物，卻會導致疾病。然而請別忘了，我在這小故事的一開頭就說，這只是個「潛在的」飲食陷阱。曼南與波爾繼續研究這些都會獵人，而在提出土桑是演化陷阱後的十年，他們發現，族群大小其實是穩定的，不僅如此，鷹的數量也並不是靠外來鷹口撐起來的；他們利用無線電遙測裝置來追蹤少量個體，也用不同顏色的腳環觀察較多數量的個體，之後指出，群體中並沒有來自附近鄉間的淨移入。上桑的庫柏鷹可以自我維持，怎麼做到的？

答案還是鴿子。城市幼雛的生存率很低，但如果庫柏鷹成功活到離巢並在街上獵食，生活就會變得相當舒適。鴿子依然到處都是，而如果庫柏鷹能撐過一次滴蟲病，之後也撐得下去。在都市裡，有將近一半的雛鳥沒能離巢，但離巢後的生存率卻高得出奇，或許是因為容易取得的食物很多。結果陷阱根本不是陷阱，比較像取捨。城市比較像在生命的某個階段有較高死亡率，另一個階段有較高生存率，那些優缺點似乎能彼此抵銷。對於有某程度免疫力（或者好運與良好營養）的個體來說，奶與蜜之地並不誇張。

§

斯特拉海牛、施氏無畏龍，以及上桑市的庫柏鷹，都遇上了各自的演化史沒有讓

140 原註：或更精準地說，是「生態陷阱」，這是演化陷阱底下的子類別，專指不當調適（maladaptation）的部分在於棲息地選擇行為。陷入生態陷阱的動物，即會刻意住在錯誤地區。

牠們作好準備的場景。就前兩個例子來說，缺乏準備會致命，結果就是帶來滅絕；對庫柏鷹來說，或許閃過了子彈，不過預期與現實之間的差異所帶來的威脅依舊存在，在其他時間地點也還有慘跌一跤的可能。但這些適應不良所受到的懲罰都異常殘酷；所有物種，即使是那些看似欣欣向榮的物種，都會要承受不完美的進化結果，而那些物種只是「夠好」，所以面對五花八門、潛在可的演化怪癖、疏忽與拙劣之作，牠們都背負著至少其中一項。下一章，我們會看見幾個精選的例子。

第九章

夠用就好的設計與解方

Good Enough

曾有一段時間，大自然的一切都被視為完美典範。中世紀神學家認為，動物的構造巧妙地符合牠們生活所需，其中所展現的智慧昭然若揭，甚至能作為上帝存在的主要論據。比方說，聽聽哲學家亨利・摩爾（Henry More，一六一四至八七）對於魚類身體的說法，他發現魚的身體裡有「風囊」：

> 誰能說這是碰巧被帶到這呢？這項構思可是為了讓魚更輕易游泳，就像牠們的魚鰭一樣，有許多軟骨又細又長，宛如長短粗細的針，中間有皮膚使其精準操作，纖瘦扁平如船槳。就算沒有完美的技巧與精準，但仍可設法在水中上下移動。

這段慷慨激昂的背書出現在摩爾一六五三年發表的《矯治無神論》（*An Antidote Against Atheism*），幾個章節都在重複與放大這個主題。魚鰾、雞距、鼴鼠爪、天鵝蹼足等自然奇觀，當然全都適當詮釋為基督教神祇的精心設計。摩爾的觀點是西方社會知識分子的看法，早在他之前的時代即已盛行，且延續到十九世紀，而正統宗教的主導者還高明地壓抑更古老的觀念——亦即物種「並非」在創世第一週就從零被創造出來，此後便一直保持不變。古希臘、羅馬或中國的思想家，並未稱此古老概念為「演化」（連達爾文也沒這樣說），然而，這個法則從一開始就存在：動植物可依據共有的特徵分門別類，暗示著祖傳脈絡的模式隱然可見。

達爾文一八五九年的《物種源始》向世界提出第一個（目前也是唯一的）可信機制，說明透過遺傳來演化。對達爾文來說，完美並不是阻礙，因為就他所知，完美並不存在。相反地，正是缺乏明顯的設計，反而推動了達爾文革命與演化的異端思維。如果有那麼個設計師，「祂」為何創造出幾十種不同的方式，做相同的事情呢？鳥和蝙蝠都達到相同的成就（飛行），但是有不同的結構（羽毛與指間延伸的皮膜）。不僅如此，相反情況也很明顯；同樣的基本結構通常會有截然不同的使用目的；舉例來說，人類手臂骨骼排列也出現在海豚鰭、狼前腿以及翼龍翅膀化石中。如果動物解剖學就只是反映其生活需求，這種身體部位的「同源」就說不通了。只有透過遺傳把這些不同動物連結起來——骨骼設計是在某個祖先出現，之後漸漸修改——如此才有意義。

達爾文說得沒錯，同源就像旗幟那麼大的線索，說明好幾個物種群有共同祖先，儘管那些物種看不出明顯的相似之處。同源也說明多樣的設計都可能達到同樣的生理功能，例如吸蜜蜂鳥（bee hummingbird）的翅膀有常見的鳥類骨骼，從老鷹到鴕鳥都找得到，這是因為鳥翅是從鳥類共同祖先演化而來。相對地，表面上看起來很類似的小豆長喙天蛾（hummingbird hawk-moth）並沒有骨骼，因為這種天蛾和鳥類最後的共同祖先出現時，第一隻脊椎動物尚未出現在地球。蜂鳥與長喙天蛾的翅膀因此在結構上截然不同，但你很難斬釘截鐵地說，哪一種動物的翅膀比較好。

蜂鳥的祖傳體型呈現（body plan）同時必須適用於大象和海龜身上，但牠未因此受限，歷經魚類、兩棲、爬蟲類的譜系演化，之後變成小小的吃花蜜動物，翅膀揮動的速度之快，讓人看不清楚。但情況未必總是如此。有時候古老的體型呈現構成嚴重的負擔，而有些最令人吃驚的例子其實耳熟能詳，我們反而視而不見。

破「冰」行動

波福海（Beaufort Sea）是北極海一塊算是沒有明確範圍的區塊，位於阿拉斯加、育空與西北領地之間，海水會在夏天時拍打這片海域的岸邊，但其他時候則是覆蓋著冰，正因如此（當然還包括其他原因），這裡屬於居民超過兩百人，就足以稱為「大型人類聚落」的地方。在這個地方——更精準地說，是在阿拉斯加的巴羅角（Point

Barrow）外，位於海的最西處——因紐皮雅特人（Iñupiaq）獵人羅伊．阿茂加科（Roy Ahmaogak）瞥見大塊浮冰之間，有鯨魚浮上來噴氣的跡象。當時是一九八八年的十月七日，已經進入北方隆冬了。於是，阿茂加科著手調查。

他尋找弓頭鯨（bowhead whale）有一段時間了。這些龐大的動物是北極特化種，全年都在這海域出沒，因紐皮雅特人每年都會獵捕個幾隻，賴以維生。弓頭鯨為了適應北極冬季氣候，其中一項特徵是擁有鯨類中最厚的鯨脂（厚達五十公分），且身材誇張、強壯如桶，以保持溫暖，然而最明顯的特色則是巨大的頭部。弓頭鯨有世上最大的嘴，占身長整整三分之一。鯨鬚板（baleen plate）是有毛邊的板狀結構，讓鬚鯨類[141]用來取代牙齒之用（捕食海洋無脊椎生物與小魚），在成熟的弓頭鯨身上可長達四公尺。巨大堅固的頭部，或許就是弓頭鯨生理學上最重要的部分，代表這種鯨魚可以撞破冰層，創造可供呼吸的洞。弓頭鯨缺乏背鰭，也可能是為了適應貼近尖利冰層游泳的生活，避免背鰭受傷，雖然這一點尚無法確知。

我們**可以**確定的是，弓頭鯨應該是唯一一種會在十月份出現於波福海附近的大型

141 原註：鯨魚分成兩大族群，一種是鬚鯨（mysticeti），包括藍鯨、座頭鯨、露脊鯨與灰鯨，另一種是齒鯨（odontoceti），包括所有的海豚與鼠海豚，以及比較大的種類，例如領航鯨、虎鯨與抹香鯨。

鯨魚。然而阿茂加科循噴氣痕跡而至時，發現的卻不是弓頭鯨，而是灰鯨——而且還有三隻，輪流透過冰上的小洞呼吸。這很出人意料，因為那個時間點，灰鯨應該是在南方好幾百哩處展開年度遷徙，前往下加利福尼亞州。灰鯨不像弓頭鯨有那麼大的頭顱，恐怕只能突破最薄的冰層，因此會以遷徙來避開海冰。但這三隻鯨魚太晚離開，這下子困住了。

這位鯨魚獵人決定要幫助鯨魚。隨著氣溫下降，冰上的這個洞終將封起，恐怕會導致三隻灰鯨溺斃。於是，阿茂加科從村子裡招募朋友，一起用鋸子把洞鑿開一點。只不過，前景仍不樂觀，畢竟把洞挖大不過是權宜之計，這附近距離最近的未結冰地點，也有八公里之遠。

隨著日子一天天過去，因紐皮雅特獵人持續在冰上努力，但那裡距離岸邊可是要駕駛四十五分鐘雪地摩托車才到得了的地點。然而救援行動的消息傳開了，一週後傳到南邊一千公里外的安哥拉治，於是美國國家海洋暨大氣總署（National Oceanic and Atmospheric Administration）派出生物學家，和記者同時抵達，那些記者殷切盼望能記錄下這有可能溫暖人心的故事。不久，整個國家的新聞不停報導受困的鯨魚，以及獵人、科學家與保育人士的夢幻合作。聽聞鯨魚苦難的人當中，有一對來自明尼蘇達州的兄弟，他們駕著發電機驅動的除冰車，可以攪動水面，避免結冰。這些馬達在救援者口中有個可愛的暱稱——「鯨魚按摩浴缸」，此舉確實能有效保住現有的洞，但顯然還需要更大型的介入，才能讓鯨魚前往開放性水域。

綠色和平的員工與倡議者聯絡美國海岸巡防隊與美國海軍。這兩個單位皆在相對較近的地方設有破冰船，但兩方都不能（或不願）使用。沒想到，有家石油公司介入了，願意提供停在附近普拉德霍灣（Prudhoe Bay）的氣墊船，於是這艘兩棲船開始往西前進。然而，雖然兩棲船理論上可在冰上開鑿出一條路，或和許多其他氣墊船一樣，至少從冰上航行，可惜，它在抵達巴羅角之前也被困在冰層間。

接下來出現更戲劇化的主意。美國國民警衛隊（The National Guard，美軍的後備軍力）派出「天空吊車」直升機，配備著起重機，還懸掛著五公噸重的混凝土球。在經過反覆投擲與拉起這顆球之後，總算以相對省力的方式在冰上砸出一個大洞，可是無法清除碎冰，灰鯨依然找不到浮出海面的空間。

對這些受困的巨獸來說，時間越來越少了。牠們以頭部撞擊冰層，但是徒勞無功，只留下傷痕，其中一隻還出現肺炎的跡象。然而，救兵很快就到，而且是來自意想不到的地方。說來也怪，美國與蘇聯固然正處於冷戰，但兩大強權所簽訂的一紙和約，讓他們能合法地在環保議題上展開合作。綠色和平組織有個成員設法在莫斯科成立辦公室，在他居中牽線聯絡蘇聯後，蘇聯很快提供了兩艘破冰船。美國政府原本有些猶豫，最終仍接受這項提議，於是超大的船展開兩百公里的旅程，前往巴羅角。

這時，美國軍隊已派出貨運直升機，裡頭滿載鏈鋸，救援隊伍利用這些鋸子，以三十五公尺的間隔鑿出呼吸孔，延伸整整一哩。他們還以擴音器播放預錄好的鯨魚歌聲，把這幾隻鯨魚從一個呼吸孔引誘到下一個，穩穩帶牠們遠離岸邊，前往更安全的地方。每回移動之後，團隊就會以塑膠布覆蓋用過的洞，讓鯨魚不會想回去；不久之後，受困的鯨魚就會急於前往新的洞，鋸子都還在嗡嗡運作呢。然而，救援者的欣喜又很快熄滅，因為三隻鯨魚中最小的那一隻（據信才九個月大）沒浮上水面。牠在十月二十一日溺斃，距離發現之初才過去兩個星期。

剩下的兩隻一直要到七天之後才恢復自由，那時破冰船出現在海平面，其中一艘飄揚著並掛的星條旗與鐮刀鎚頭旗。鯨魚離開了最後一個洞，在冰下潛游通過剩下的四百公尺，後來在蘇聯的船後面再度現身。不久之後，兩條鯨魚都不見了，「突破行動」宣告成功。這事件後來改編成電影，由茱兒．芭莉摩（Drew Barrymore）與約翰．卡拉辛斯基（John Krasinski）主演，可說是錦上添花。[142]

§

正如多數的故事，這事件中最吸引人的層面就是最出人意料的部分：三隻野生動物受困於自己的自然環境；鯨魚獵人決定挽救鯨魚；這次救援最後耗資約一百萬美元；冷戰暫時停止；來自各個國家與背景的人，為了相同的目的而努力。這項任務有了幸福美滿的結局，[143] 也有利無弊。

但想像一下，假如你來自亞馬遜雨林中一個從未與外界接觸的部落。你從來沒聽過鯨魚（也沒聽過水泵、鏈鋸、破冰船——或是蘇聯）。那麼這個故事對你來說，最驚奇的部分是什麼？我不認為會是「動物犯了錯」——你的生活很貼近自然界，見識大概也比生物學家還多。人類對動物的憐憫，可能也不會讓你吃驚；你十幾歲時，曾養

142 原註：《鯨奇之旅》（Big Mirade，二〇一二年上映）。

143 原註：嗯，也許吧。原本人們要在灰鯨身上裝設無線電追蹤器，以追蹤其後續進展，但等到通道終於挖出來之後，根據判斷，這些灰鯨可能已經承受太多創傷，於是這計畫就此打住。牠們距離該出現的位置偏北好幾百哩，受傷又挨餓，疲憊不堪，因此長期的生存前景或許不太理想。確實，這筆錢花在別的鯨魚計畫上會更好，但這故事也可能讓國際鯨魚保育計畫顯得更美好。這類事情鮮少能夠被直觀看待。

隻細腰貓當寵物，牠死的時候你哭了一天。海上漂浮著厚重的白色物體似乎很奇怪，但沒有人向你解釋那是水的一種型態，或許這是唯一會讓你難以置信的大發現。然而，你對於灰鯨不那麼確定。牠們看起來有點像放大版的巨骨舌魚（arapaima），這種生活在河流的魚巨大無比，可以重達兩百五十公斤——雖然有個明顯的差異。這差異很重要。對鯨魚一無所知，只知道眼前所見的人，勢必會覺得最醒目的資訊是，這種完全生活於水中的動物**竟然無法在水中呼吸**。實在太荒謬了。

當然，你不是未曾接觸外界的亞馬遜部落居民，你也已經知道關於鯨魚的事。你知道鯨魚是哺乳類，其祖先可能在陸地上呼吸空氣，後來才慢慢演變出偏向水生的生活方式，最後終於完全棄絕安全的乾燥陸地。但是停下來想一想。那是幾千萬年前發生的事；為什麼演化在這中間沒有讓鯨魚長出鰓？演化幫鯨魚做了許多事，比如說，鯨魚只有一點點後肢的殘餘（有些已經沒有），且沒有連接到脊椎，也沒有運動的功用；牠們有超厚的鯨脂以避寒，並讓身形更圓滑，更具流體力學的效益；牠們有強大的尾鰭以供推進；而牠們深沉迴盪的呼聲，讓彼此能隔著數百公里的海洋溝通。然而若談到呼吸這麼基本的行為時，演化似乎就忽略了灰鯨與其親戚。

或許你覺得我對這種只發生一次的怪事小題大作——沒錯，這幾隻鯨魚面臨溺斃的危險，但這就是個悲劇性的失誤，並不是常態。你錯了。坎貝爾・普羅登（Campbell Plowden）是當時綠色和平鯨魚倡議的總召，他在那年的十月十四日，首度聽到廣播說有三隻鯨魚受困於波福特海的冰層，但他壓根兒沒想過綠色和平會有任何反應。他關注的主要範圍是，要對來自冰島等大規模捕鯨國家的產品採取抵制。後來為了配合好萊塢電影上映，他在一篇文章中重提當年的情況：「我當時很遺憾聽到這消息，因為我很關心鯨魚。但這是一次自然事件，我不認為我們可以或應該設法做些什麼。」一直要到他來到華盛頓的辦公室，拿到一疊民眾詢問這個慈善機構會如何幫忙的信件，他才知道這消息不能等閒視之。

事實上，鯨魚與其他鯨下目（也包含海豚與鼠海豚）溺斃的案例並不特別罕見。正如我們所見，牠們會受困於冰下，也可能誤入水深不足而導致擱淺，但卻又足夠覆蓋噴水孔的水域；不僅如此，即使是最大型鯨魚的幼魚，若碰上虎鯨集體合作，讓獵物無法浮到水面接觸空氣，那也就只能等著被虎鯨宰了。在巴羅角，人類的反應才是例外狀況，動物的困境並不是。

§

不光是鯨下目如此出奇脆弱；哺乳動物中的海牛屬與儒艮（以及已不在的斯特拉海牛）皆是如此，而且除了水生哺乳類以外，還有別的動物，海蛇、海龜與幾種水龜多半住在水下，這些是爬蟲類，也都沒有鰓。史前的海洋則有魚龍、滄龍與蛇頸龍潛行——各種海洋爬蟲類如果在陸地擱淺就會死亡，但也可能在海中溺水。如果尼斯湖水怪確實存在，[144]牠會是要呼吸空氣的爬蟲類，而且每小時都得浮出水面呼吸好幾次。甚至還有蜘蛛大部分時間是活在水下；在水中生活時間最長的是水蛛（diving bell spider，又名潛水鐘蜘蛛），其名稱就暗示了如何取得氧氣。這些小小的蛛形綱創造與維持一個氣囊，以絲質護套包好，並用夾在腳與腹部間的氣泡來補充。此外，還有蚊子幼蟲孑孓（以及其他昆蟲幼蟲），會從靜止水面倒吊，靠著呼吸管與上方的空氣相連。如果你在上面揮手，牠們會激烈地往下鑽以躲避傷害——但很快又會回來，不然……你猜到了吧，就會淹死。

我可以繼續舉例，但先暫停一下。要思考鯨魚、烏龜、水蛛、孑孓與尼斯湖水怪還有不同方式。我算是挾帶一種未經證實的不完美假設，假設這些動物是顯然居於劣勢，但光是這一點就反映出我自己缺乏理解。或許對水生動物而言，鰓就是沒有乍看之下那麼重要。確實，鯨魚及其同類的存在，不正是為這個立場背書嗎？

對，也不對。鰓對於水生動物來說未必是**不可或缺**，而沒錯，鯨魚演化出許多彌補性的適應型態以解決其解剖學上的中心難題，例如鼻孔在頭頂（形成噴氣孔），也可以緊緊閉上；鯨魚肺部在提取空氣中的氧氣時，效率也是人類的四倍；身體的其他部分還有許多機制，負責處理和潛水有關的壓力變化。[145]不過，這些發展看起來是微不足道的安慰。如果有個神聖造物者負責創造地球上的生命，那麼大概可以安全地說，祂設計鯨魚及其親屬之後才設計魚，因為不會有誰設計過象鮫（basking shark）、旗魚或鮭魚之後，還幫海豚裝上肺。同樣地，水蛛也演化出相當可靠的能力，創造出可分離的空氣供給，然而我們很難聲稱這些小獵人如果一開始就能在水底下呼吸不會更好，就像牠們的親屬螃蟹、龍蝦與螯蝦。這是很麻煩的彌補措施，不是勝利解方。

144 原註：並不存在。

145 原註：比方說，鯨下目會儲存氧氣，但不僅在血液與肺部，正如所有的哺乳類那樣，還會儲存在肌肉中。這種額外庫存對於深度潛水很重要，因為深處的水壓會完全壓縮肺部纖維。

所以，地球到底怎麼回事？

一條已經走過的路

這會兒我特別把鯨魚挑出來說，看起來並不公平。所有動物與生命形態都承載著過往的印記；現狀是取決於演化史。

想想看：我是自己決定要寫這本書，但風格與版面會取決於我從小就閱讀的非虛構類書籍，而我會以英文書寫，因為這是我父母的語言。同樣地，書稿會由左到右，因為我家庭長久沉浸的文化就是這樣寫，而我對於書面文字的熟悉度，是從大約一萬多年前農業出現之後直接衍生的，因為農業帶來的盈餘，既需要也促成了受過教育的官僚階級產生，以記錄收益、付款，還有（答對了！）稅金。我的身體結構能夠打字，是因為南方古猿是雙足動物，手可以空出來製造與使用工具，而我呼吸空氣是因為泥盆紀[146]的魚有時候喜歡緩慢移動到河口泥土上，四肢僵硬地喘著氣。

在這些階段當中，有無數的中間步驟，我在每一步都會失去一定程度的自由；我「反其道而行」的能力被禁閉與阻礙，一而再、再而三，甚至在我尚未出生之前已是如此。若運用類比，經濟學家以「路徑依賴」（path dependency）描述越來越多的限制，決定了商業與市場行為。在路徑上面對的每個岔路都需要做個決定，這個決定不免會擋下其他選擇——除非我們選擇另一條路，否則不會看見其他的選擇。產業發展依循著這類多岔的道路，因此久而久之，軌跡會越來越限制經理人、設計師與工程師的創造自由。舉例來說，想像一下，你設計了一個很棒的電熱壺，需要從電纜與插頭延伸出四根公接頭。它的效能可能遠遠勝過和你最接近的競爭者，同樣代理商製作你的產品時，成本也可能更低，但你根本連一個機器都賣不出去，因為業界早在幾十年前就採用二孔或三孔的標準插座，四孔，此路不通。

動物也是。動物的生命不僅是歷經數十億年所累計的改善，也有伴隨而來的後果，亦即窄化未來的可能選擇。那些困在波福海的灰鯨肺部，顯然是幾億年的陸地演化所留下的遺產，只是沒有什麼幫助；鯨魚遠古的祖先包括魚類，但更近期的演化是來自陸生的四肢生物，最後又回歸水中，而適應的能力沒有當初離開海洋時那麼好，因為牠們早就拋棄了鰓。然而，我們不該認為這就是完整的答案，因為這迴避了另一個明

146 原註：Devonian-era，範圍大約為四億兩千萬年到三億六千萬年前，而在泥盆紀晚期，最早的脊椎動物出現在陸地上。

顯的問題：為什麼鯨魚不乾脆從頭開始演化出鰓就好？畢竟魚類祖先都有鰓，只是有些後代顯然在後來的某個時間點演化出肺。難道水生哺乳類無法反其道而行嗎？

嗯，或許可以，但是形勢對牠們不利。第一支從水中移轉到陸地的魚類譜系出現時，具有功能的肺部前驅器官已出現了，其形式是個氣囊，長在胃腸外。雖然仍離不開水，但魚類會吞下空氣，幫助牠們在泥盆紀這個相對缺氧的環境下獲取足夠的氧氣，後來這個氣囊就特化為提供浮力的魚膘。在許多現代魚類身上，這氣囊已失去和營養系統的連結，但在其他魚類（包括鱒魚、鯡魚、鯰魚和鰻魚），這條連結還是透過鰾管保留下來，[147]讓牠們能吞下氣體來調節魚鰾，有時候也能用來呼吸。甚至有些魚類是透過呼吸空氣來得到大部分的氧，包括電鰻[148]，當然還有肺魚。

相對地，在幾億年前失去鰓，並冒險回到水中的陸上哺乳類，沒有相等的方式讓牠們在水面下補充空氣中的氧。務必要理解，複雜的適應是一步一腳印衍生，道路上累積的每一步都**必須**促成適應度提升，否則就無法受到天擇青睞，前往下一步。想像一下，有動物出現了新的絕佳代謝率，從食物獲得的能量可以加倍；這樣的適應能力會非常有用，也當然會提高生殖成功率。然而，如果改善代謝的完整過程需要三項連續改變，那麼只有在第一、第二兩種變化**本身**就能讓這動物比同儕更成功，演化才可能發生。如果前兩步驟中有任何一步其實打斷了動物的新陳代謝，那麼就算最後一步可能獲得龐大利益，也變得不重要；如果個體具備這些無用突變的任何一項，就會被那些尚未改變的贏過，於是第三項突變也沒有機會出現（演化生物學家傑瑞・科因〔Jerry Coyne〕提出一個絕佳的比喻：美國汽車駕駛會在道路施工時看到標誌：「一時不便，永久改善」。[149] 這是經過規劃的基礎建設方案，但是在天擇這種看不見，也沒有方向的過程中，是不會發生的）。

像鰓這種能有效發揮功用的全新系統演化，會需要透過一連串的中間步驟才能發生，每一種都必須對其承載者帶來優勢；魚鰓本身是有好處的成果，這項事實本身還不夠。以下我不得不用推測的，但第一步想必是需要從胃腸外長出一個構造，這樣才能把氧氣從海水吸出來（正如魚在空氣中所做的事）。遺憾的是，有個挺礙事的問題出現：空氣與海水的相對含氧量。即使在氧氣最充足的海面，海水的含氧量也只有上方空氣的三分之一。因此哺乳類得狂飲三公升的水，才能和吸一公升空氣的魚得到相同

147 原註：我們可以相當確定，古代環境是要讓兩者相連，因為有許多缺乏這種連結的成魚，在幼魚階段是有這種連結的；但相反的情況並未發生。

148 原註：共有三種，沒有一種是鰻魚，而是電鰻科（knifefish family）。

149 原註：我在英國倒是沒看過這樣的標誌；或許是我們太愛酸人，不會使用這麼直白合理的訊息。

的氧氣利益。[150]經過突變而產生的胃腸衍生物，有助於從水中萃取氧氣，然而這種突變對哺乳類帶來的好處，遠低於對史前魚類帶來的好處。這個問題因為海水的鹽度而更加重，攝取它基本上算是中毒。有些海洋哺乳類確實會喝海水，但牠們得攝取大量的海水，才能獲得呼吸方面的益處，然而，淡化和加溫海水（海水遠低於體溫）的能量消耗，又比不上好處。最早開始呼吸空氣的魚類沒有遇到這樣的問題，其吸入的空氣不會有毒，也不難加熱。於是相較於發育魚鰓，那些早期進入水中的哺乳類反而就只是累積出更有利於在水中呼吸空氣的突變，更加投入這種呼吸路徑。

路徑依賴也多多少少解釋魚類與水生哺乳類較說不出道理的差異，例如身體要往哪個方向彎曲以提供推動力。魚類是左右扭動，而鯨魚與海豚則是上下擺尾。魚類（或其也是水生的無脊椎動物先驅）先起步，對牠們來說，兩個動作之間怎麼選都沒有什麼差別，畢竟水生動物四周都是水，要往哪個方向施力以獲得阻力都沒關係；魚類剛好決定左右扭動。然而在陸地上，提供阻力的媒介一定是在下方，所以最有效的運動會涉及下壓動作[151]（要觀察這種上下移動，可看格雷伊獵犬跑步的慢動作，並注意脊椎如何彎曲）。等到哺乳類開始深情望回水域時，其脊椎已成為上下擺動時才最有力。等牠們回到水中，勢必要以水平的鰭狀肢來擺動，而不是左右扭動。

會說背部彎曲的差異沒什麼道理，是因為正如同蜂鳥與小豆長喙天蛾的翅膀，兩者的功能極為類似。而鯊魚鰓和海豚肺就不是這麼回事了；對於生活在水中的動物來說，其中一種無疑比另一種有用。正如之前提過，無論如何，世界上既然有海豚這種動物，足以證明肺部雖然對海洋生物來說不算完美，但至少也「夠」好了——正如我們接下來所見，夠好的設計幾乎才是常規。

敵人稀少，但朋友更稀少

在這整本書中，我們已經看過選擇壓力如何讓某個性狀演化出來，和缺乏這性狀將付出多少適應度成本是有關的。這有許多含義，例如「一條命一頓飯法則」與「健康—家園法則」，強調出掠食者與獵物之間，以及宿主與寄生物之間的互動。另一個常見的結果是，隨著事情朝著更細緻的方面發展，演化改變的速度會放慢；當動物變得

150 原註：實際上的情況更糟，因為三公升的水表面積與體積的比例，還少於一公升的空氣（假設胃腸的衍生物是簡單且平滑的），進一步阻擋氧氣的萃取。

151 原註：許多陸生爬蟲類與兩棲類保留這種魚類左右擺動的動作，因此比體型相仿的哺乳類要慢。

「更好」，進一步改善的動機就更小。因此，「完美」退居成地平線上的一絲光芒，越接近時會發現這道光越來越小、越來越暗。

這種將適應能力完整達成的動機越來越小，會產生一些不相關的現象，可統稱為「罕敵效應」（Rare Enemy effect）。這是說，天擇所產生的性狀在大部分時間都是夠好的，但並未能考量到那些偶爾出現的情況。罕敵效應可以想成是一條命一頓飯原則的反向思考。在一條命一頓飯法則上，保住生命的壓力大於取得一餐的壓力，因此讓獵物物種擁有自然優勢。但如果獵物要維持選擇優勢，那麼被補食的**可能性**（不光是單一事件的代價）一定也要很高。

填寫過健康安全評估表的人都知道「危害」與「風險」之間的差異；前者是說，如果某件事發生時，情況會有多糟糕，而後者則是評估事情確實發生的可能性。於是，某件事情帶來的威脅就是危害與風險的乘積。如果你去蘇格蘭高地健行，水泡造成的危害可能很小，但風險很高，因此買些防磨擦貼布攜帶是值得的。相反地，從當地野生動物園逃脫的熊會帶來相當大的危害，但由於發生機率太低，因此買一罐防熊噴霧就會是浪費錢。可是在阿拉斯加就不同了——熊攻擊造成的危害是一樣的，但是風險高出幾千倍，因此攜帶防熊噴霧變成合理的投資。

選擇壓力也是這樣。對於瞪羚來說，獵豹帶來的危害與風險是很高的，因此要跑更快的選擇壓力很大。但如果獵豹變得很少見，成為「罕見敵方」，那麼獵豹攻擊所造成的危害雖然不變，風險卻會變很低，因此就缺乏動機要把資源用來演化出對抗獵豹的能力。有些瞪羚的基因剛好讓牠們不那麼投入於肌肉系統，而是更投入於消化效率，這些基因會開始勝過那些仍著重於跑贏掠食者的基因，即使牠們從未見過掠食者。換言之，天擇就不再「看見」獵豹的威脅，也不再青睞躲過獵豹的方式。

現在，從罕敵的觀點來看同樣的情境。對牠們來說，抓到獵物的動機沒有變，因此勝過獵物防禦的選擇壓力也差不多沒變。這麼一來，罕敵會發現自己處於某種優勢。以鮟鱇魚為例，這群掠食性魚類有著像捕鼠器的巨大顎部，通常會張開來，等待不疑有他的獵物上門。鮟鱇魚是活動力相對較低的魚類，有些種類會貼著海床隱藏起來，或懶洋洋漂浮在深海中的陰暗處——但在打獵時未必那麼被動。鮟鱇魚背鰭上的第一個鰭條[152]與其他鰭條分離，並未與通常在鰭條間延伸的皮膚相連，尖端還有個小小的球

152 原註：fin ray，鰭條是作為魚鰭骨架的條狀構造，出現在「條鰭魚」（ray-finned fish）上。大部分的魚類是這種，還有另一種是肉鰭魚（lobe-finned fish），例如腔棘魚，骨頭是位於魚鰭中。這兩類魚都屬硬骨魚綱，與軟骨魚綱成對比——包括鯊魚、魟與鰩。

狀體，稱為「餌球」（esca）。這個條狀物是活動性的，而「餌球」會在嘴前面搖晃，吸引魚類、甲殼動物與其他海洋生物到攻擊範圍內。住在深海的物種，其餌球可能裝著生物發光的細菌，以增強能見度。

不知情的受害者會以為餌球是能吃的東西，而不是危險，且因為鮟鱇魚相對稀少（與會扭動的食物相比絕對少得多），因此獵物要能分辨食物與餌球差異的壓力也相對較小——即使餌球造成的危害很大。同時，鮟鱇魚頭部發亮的誘惑物也見證了事實：雖然受害者避開罕敵的壓力很小，但對攻擊者來說情況可不同，因為攻擊者獲准演化出了相當狡猾的誘捕武器。鮟鱇魚就是在蘇格蘭高地脫逃的熊——很危險，但不夠常見，因此獵物不值得為遇見鮟鱇魚做準備。

如果說因為罕見就賦予敵人致命的特權，不必擔心會促成受害者任何明顯的演化反應，那麼相對之下，傷害程度不那麼致命的罕敵還會獲得更大的報酬，因為對受害者來說，代價更低，因此演化出對抗壓力的手段更少。本書主要是討論動物（還有獲得動物榮譽地位的病毒），但我忍不住要分享圓葉馬兜鈴（*Aristolochia rotunda*）的例子，這種植物在繁殖時是不會冒任何風險的。

馬兜鈴屬的成員外觀類似豬籠草。豬籠草的葉子經過調整，變成能夠裝盛液體的漏斗狀陷阱，用來吸引與溶解昆蟲；然而馬兜鈴的漏斗是花朵萼片所構成，而且非肉食性，因此不含消化液。這並不是說，馬兜鈴沒有對昆蟲虎視眈眈，因為和許多花朵一樣，馬兜鈴還是仰賴昆蟲授粉。以圓葉馬兜鈴來說，那些昆蟲主要是稈蠅科，這幾種蠅主要靠著吃其他昆蟲的屍體維生。對稈蠅來說特別具吸引力的，是盲椿科在遭到節肢動物獵食時所釋放的揮發性化學物質，這種特化習性促成馬兜鈴屬三階段授粉——捕捉系統的第一階段：馬兜鈴的花朵會釋放出化學化合物，那物質與受傷的盲椿釋放的一模一樣。第二階段則是在漏斗狀花朵內長滿逆毛，阻止任何往裡面覓食的稈蠅逃脫。第三則是柱頭與花藥正後方的花壁變薄，創造出一扇「窗戶」，用光線將蠅類吸引到花朵需要牠們的地方。

受困的蠅會在花朵裡到處跑，絕望地想找出逃脫之路，卻不停撞向帶有花粉的花藥。在經過適當時間之後，漏斗花中的細毛會枯萎，釋放稈蠅，讓牠們有機會被另一朵馬兜鈴困住，其柱頭（花朵雌蕊的生殖系統）就會接收到第一朵花的花粉。稈蠅類所提供的這項服務對植物來說非常重要，但對蠅類來說卻只是小小的代價——不平衡的代價之所以讓這種單方面有利的競賽能夠存在，是因為受害者根本沒機會演化出任何有用的回應。

因此，罕敵可能是植物，也可能是動物，甚至連非生物都可能。舉例來說，導致恐龍滅絕的隕石也是罕敵：致命，但幾乎不可能發生，因此完全未曾被預期。其他罕見之敵就沒那麼誇張。在洛杉磯中央有個漢考克公園（Hancock Park），從古至今都有一套瀝青湖（tar pit）系統，是原油滲漏浮上地表，接著因為較輕的成分在接觸到空氣之後會揮發，因而變得越來越濃稠。長久以來都有動物誤闖黏稠的池子遭困，變成化石。漢考克公園的拉布雷亞（La Brea）瀝青坑在開挖之後，發現數百個物種成千上萬的個體遺骸，且時間可追溯回三萬八千年前。許多動物現已滅絕（但死因大部分與瀝青無關），包括恐狼、美洲獵豹、美洲擬獅、刃齒虎、哥倫比亞猛獁象、太平洋乳齒象、三種地懶，以及兩種馬。[153] 對這些動物而言，瀝青坑不曾構成常見的麻煩，因此無法觸發演化反應，例如避開有原油氣味的地方。

§

或許不出意料，有罕見之敵，就有相對應的罕見之友，這可以定義為讓物種取得錯失的適應度的機會；由於那些朋友太少見，不足以構成明顯的選擇壓力，促進相關的突變累積。有個常見的例子是食物偽裝成不能吃的東西——通常是食物這邊的適應性演化結果。舉例來說，許多昆蟲演化成狀似植物的外形，例如樹葉與樹枝，但我想說的是錫蘭瘤蟹蛛（Phrynarachne ceylonica）。錫蘭瘤蟹蛛的個體看起來很像鳥糞，這種偽裝賦予保護功效，讓錫蘭瘤蟹蛛避開看不出差異的掠食者。當然，掠食者個體若演化出更好的分辨能力，就會成為一種優勢，但事實上，錫蘭瘤蟹蛛比鳥糞罕見得多，表示這種優勢（以及相對應的相關突變選擇壓力）微乎其微到幾乎可忽略。錫蘭瘤蟹蛛於是成為潛在掠食者的罕見之友——是一種可以吃的佳餚，但太罕見，不會被天擇「看見」（這之中還有個美妙的對稱：這種蜘蛛也是罕敵——其類似鳥糞的外觀搭配類似鳥糞的臭味，可以吸引某些昆蟲過來，讓蜘蛛發動攻擊）。

空空如也的銀行

在本章結尾，我要談談另一種相當不同的罕見之友，是只有我們人類才能得到的。

153 原註：美洲兩種馬都在最後一次冰河期之前滅絕。北美現代平原部落生活型態中所不可或缺的馬，是十六世紀後的歐洲人陸續帶來的。

若來自不同星系的外星訪客觀察到這現象，肯定會一頭霧水：精子銀行外面沒有男性在排隊。不僅如此，還需要提供現金獎勵才能讓男子現身。為什麼？如果基因能表達「想要」什麼，應該就是要我們幫忙製造拷貝；畢竟現存的基因必定擅長讓其所在的個體自我複製。因此，若有機會只要投入精子，就能讓基因傳遞下去，男人理當不會浪費。和花心丈夫不同，這些捐精者不必面對社會撻伐，因此不必付出代價，不會抵銷多子多孫的好處。這是免費的基因擴散。那麼，為什麼見不到男性趨之若鶩呢？

精子銀行是最終極的罕見之友：是提升生殖成功率的絕佳機會，通常卻受到忽略。但究竟為何如此？的確，是很稀有，但潛在的遺傳優勢很龐大，照理來說，造訪精子銀行的任何一絲偏好，都應該會在雄性族群中擴散。這和蜘蛛或鳥糞不同，能分辨這類差異所帶來的好處其實很少；喜歡精子銀行的基因，可能是史上最成功的人類基因。

然而我們卻很難想像，究竟有什麼樣的新突變，能使男人更常造訪精子銀行。是偏好在自慰後以杯子盛裝，而不是使用衛生紙？[154]聽起來很不可行，但這就是讓外星人感到疑惑的地方。按照外星人自己的演化歷程，他們或許會認為，人類是有意識的主體，但男人可能有問題，竟然看不出這是進一步讓基因擴散的黃金機會。在這種（假設的）疑惑中，蘊含著可稱為「代理選擇」（selection by proxy）的過程。我們知道，天擇是盲目的，沒有深謀遠慮或目的，這表示，天擇會有利於剛好能提升生殖成功率的性狀（生理或行為上），無論實際上是如何執行。但天擇**不會**將增加繁殖力最直接與直白的方式視為優先考量——就算賦予它優先地位，也只是意外。比如說，人類對於甜食的喜好是經過選擇的洗禮，能讓有這種偏好的人得到優勢；那些善加利用營養豐富的意外之財者（例如滿滿蜂蜜的蜂巢），通常會比忽視意外之財者留下更多後代。不過人類在享用蜂蜜時，想的可不是獲得營養的策略——人類吃蜂蜜，是因為喜歡這個滋味。換言之，天擇可能偏好有用的行為代理，而不是偏好行為本身。

通常來說，這樣運作沒問題，不過我們已經看到代理與理想結果之間的差異，可能會被他者利用的例子；鳥類利用「出現在鳥巢」當作辨識後代的代理，而葦鶯的鳥巢裡有什麼，以及葦鶯的基因真正「想要」葦鶯養大的東西，兩者之間缺乏完整相關性，就讓杜鵑能從中牟利。同樣地，蜉蝣基因「想要」蜉蝣把卵產在最適合卵發育的地方，但基因沒有直接導致蜉蝣這麼做——而是讓蜉蝣把卵產在有偏振光的表面，也就是最適合產卵地點的代理。該項特定代理和實際目標確實很相符，直到人類出現，

154 原註：或者，如果美國喜劇可信的話——運動襪。

開闢道路。

同樣地，沒有動物進行性行為是想要繁殖，而是因為樂在其中，而在性行為存在的數十億年來，這一招都能穩妥地達到繁殖目的（有時人類進行性行為時，是有意識地以生殖為目標，這是很不尋常的，但這是滿足另一種能達到生殖目的的代理衝動——想要成家並養兒育女的衝動。性行為的動機，從來就不是**只**為了製作更多特定基因的複製品）。[155]直到非常近期，且在數百萬物種中唯有一種，可能讓性行為與繁殖後代脫鉤：現在的人類在進行性行為時，經常會刻意避免繁殖，且能有效避免。如果基因擁有意識的話，會比天主教會更反對避孕。

§

自然界中完美的可能性，因為演化採用的機制而遭到破壞。天擇沒有規劃，從來不會幫未來做打算，還會獎賞任何性狀，只要這個性狀能直接有利於（意即促成繁殖）生物體內的基因，無論最終的目標是否會是死胡同。這就是本章要上的一課，而在其他章節，我們已看過演化的做法導致各種功能失常與不理想的結果，從柄眼蠅的眼睛放在沒有助益的眼梗上，到雄蛛折斷自己的生殖器。但願這本書走筆至此，我已經做得夠多，說服你接受我基本的理論，也就是演化未必只會通往改善，無論著眼點是物種、個體或基因。現在只剩一個問題未解：這項資訊對我們有何用處？在最後一章，我會提出幾個建議。

155 原註：例外可能包括出於政治動機，希望有更多特定種族或國籍的人，但這些可能是國家領導者的指令，並且以其他方式來鼓勵個別夫妻。我強烈懷疑，有誰會坐下來，決定給自己添麻煩，承擔養兒育女的代價，純粹只是想要產生更多自己的基因拷貝，即使這行為能以最直接的方式嘉惠那些基因。

第十章

尾聲

Last Words

透過天擇而演化，表面上不是很難理解的主題。生命體會**演化**，會隨著時間改變，演化的原因在於生物體內主導生物結構的化學物質會自我複製，但又無法完美地自我複製；這種不完美的情況會促成外觀與行為的遺傳變異，而各個變異之間，又有不同的繁殖成功率，這麼一來，任一時間點生存的個體族群，其一般特徵勢必都與上一代不同。

然而，這簡單的推論鏈仍產生怪異之處。奇怪的地方並非所有譜系或過程未以相同的方式運作，而是選擇機制產生的結果似乎往往與整個過程矛盾。我們現在應該很熟悉這情況：軍備競賽升高，必然使得遺傳物質的複製效率越來越差，而遺傳物質可是地球生命的必要條件；天擇偏好的性狀可能導致物種成員的平均適應度降低；個體衰老或許不是不當適應；利他主義的演化導致奴役與激進的自我犧牲；必須合力完成的有性生殖之所以成功，有時是合作者之間的暴力所促成的。例子不勝枚舉。

如果這裡有什麼能囊括一切的教訓，那就是演化並非朝著哪個方向前進。相反地——天擇漫無方向、被動且不講道德。天擇的偏好與文明人類應有的渴望，為何無法扯上關係，這就是其中一項原因。另一個原因是，演化最直接改變的主體是基因，而不是個體，所以就算我們自認能夠在這生存、繁殖與死亡的洶湧長河中看出「目的」，可以確定的是，我們自己不是受益者。以每一夜都會因為自己的基因而犧牲的巴西大頭蟻[156]為例，這樣才能確保蟻群的其他成員（有更多基因拷貝）能封閉在蟻穴裡；那些個體的利益完全屈居於幾束複製無色酸的利益之下。倘若事態來到了這個地步，我們也會如此。

然而很明顯的是，許多人還沒理解這件事。人類太常假定演化是開出一條道路，讓我們能更理想地適應周遭的世界，反之亦然。看官啊，非也！

訴諸自然的迷思

若想知道什麼東西對人類最好，不妨問問六歲孩子。孩子尚未把生命中令人厭他的限制內化，因此還沒把自己的野心控制在合理的範圍內。大人長年來有許多夢想沒能實現，在重重打擊下早已將夢想拋諸腦後，但孩子不同，會認為如果我們能飛、能在水下呼吸，或者跑得像獵豹一樣快，該有多好。當然，多數大人能解釋為什麼我們

156 原註：*Forelius pusillus*，參見第六章。

沒有這些能力，雖然能解釋到多深入因人而異。不過，讓我們說清楚講明白：如果我們會飛、能在水下呼吸、跑起來如疾風，人生的確會過得更好，但嚴格說來，這些事情沒有一件是做不到的——只是地球塑造生命形態的過程，就是沒有這樣嘉惠我們的譜系。天擇的過濾器並未校準成讓我們的生活更愉快，只會偏愛那些擅長自我複製的化學物質，而我們沒有理由假定這兩種標準會有多少重疊。因此可以合理地說，人類（或者任何物種）的生活品質並沒有達到頂標；我們不能預期像潘格羅士博士[157]那樣，發現「在這個盡善盡美的世界上，任何事都是最好的安排」。

每當我們思索地球上的生命多麼奇妙，多麼色彩繽紛、豐富多樣、神奇壯闊之時，往往疏於使用正確的比較基準——或甚至疏於有意識地加以比較。在許多方面來看，凡事確實美好，但也可以更美好。姑且不論我們能力範圍內或許可修正的難題，例如有文字紀錄以來（且想必在有文字之前早就存在）就顯然困擾著人類的社會和經濟問題，我們這個最優越的物種，本身的生命就會碰上許多問題：我們深受寄生物困擾、會有癌症腫瘤、會失去最愛的人、我們會因衰老而失去力量、彈性、精力、視力、聽力與記憶。這些事情無疑是很自然的現象，因此「自然」一詞往往僵化地等同於現代社會的「美好」，就很奇妙了。

然而，這種誤解背後無疑隱藏著對於演化生物學的誤會。如果你想像天擇（畢竟它已經堅持努力許久）是個會不斷改進的機制，那麼你不免會提出這種結論：我們現在演化出的樣子就是對我們最好的。人類在自然環境中演化，因此，自然環境是最能幫助人類繁盛的環境。

在進一步說明之前，不妨先花點時間思考什麼是「自然」或「非自然」。人類是動物，也是自然界的一部分，因此你可以主張，人類製造的任何東西或做的任何事情也是自然的。事實上，「非自然」唯一可以禁得起嚴格考驗的定義是「世界上沒發生的事」，而我們已有個字眼來形容這個情況：超自然。當然，多數人會認為非自然表示「唯有人類才會創造或展現」的事物。稍後會再談談這一點。同時我們也可以承認，許多人會認為大自然才最美好，這樣的假設已鑽進生活中的諸多層面。的確，好些產業都仰賴的錯覺是，東西的天然程度有特定的益處，這項益處凌駕在該項產品的實際內容之上（行銷團隊努力維持這項錯覺）。比方說，只含天然原料的清潔劑，會比含有人工化學物的清潔劑更有利於環境（與顧客），即使許多很危險的毒素也是完全天然

157 原註：Pangloss，是伏爾泰（Voltaire）在《憨第德》（Candide）裡的角色，其樂觀的世界觀暗指現實生活中，幾乎與作者同時代的德國博學家哥特弗利德・萊布尼茲（Gottfried Liebniz）一樣。

的。[158]我還是年輕生態學家時，在馬達加斯加工作就親身經歷過這種事情。在實地考察的休息時間，當地導遊匆匆進入森林，回來時手上有一把葉子，之後他用兩塊石頭把葉子搗成泥。接著把葉子泥丟進我們行走在上面的乾河床水窪中，十五分鐘後，死魚就開始浮到水面上。那天晚上，我們吃了這些魚——導遊和一頭霧水的生態學家都吃了。對魚來說，葉子裡的化學物質就和悄悄在水窪行走的蒼鷺一樣自然，也一樣危險。

這並不是我的創見。「天然的最好」的觀念已有了名稱——「**訴諸自然**」（appeal to nature，簡稱ＡＴＮ）謬誤——數十年來，這觀念已惹惱科學家、工程師，醫療專業人士更是不滿。近年來，這種觀念抬頭，成為疫苗猶豫派的中心論點，但是對於「不自然」產品的恐慌，向來與現代醫學的興起如影隨形。替代醫學（alternative medicine，又譯另類醫學）產業含括五花八門的療法與產品，但全都與一項隱含的哲學相關，也就是「只要是自然的就對我們有好處，不自然的就對我們有壞處」。這種立場相當盛行，即使每當「自然」療法經過測試且發現有效時，現代醫學也樂於將之納入其中。但無趣的事實是，另類與現代醫學的差異，並不是在於由來，而是展現出來的功效。另類醫學的執業者唯一拿手的武器就是安慰劑效應，而主流醫生基於醫學倫理而無法直接採用的手段。[159]

訴諸自然謬誤也奠定了更廣泛的健康保健產業區塊，包括所謂的「原始」（palaeo）飲食法，以及宣導盡可能赤腳做運動；此外，也可以看看生活風格大師提倡只吃更新世食物，但他們鮮少為了真正符合古代環境而刻意倡導攝取腸道寄生蟲的卵。同樣地，那些只穿著橡膠襪就踏在人行道上的跑者，也鮮少把他們的萊卡服裝換成羚羊皮。必須在此說明，我不是現代生活型態的擁護者；相反地，我全心認同我們得到科技改善的久坐生活很有害——而且對我們所知唯一可居住的星球也有害。話雖如此，我也衷心感激抗生素，並對於即將爆發流行的抗藥性感到恐懼。因此，我們都該同意，有些自然事物是有益健康的，例如野生水果，但有些則不是，例如砷；也有些非自然的東西是有益健康的，例如人造心律調節器，有些則不是，例如含鉛石油的煙霧（或者整

158 原註：這裡有個必須注意的地方：有些「天然」洗潔劑確實可說是友善環境。重點是，那不是因為這洗衣劑是天然的，而是成分毒性很低以及（或）不易殘留。

159 原註：這是個很有趣的主題，已經超越本書的討論範圍，但很建議讀者深入探究。簡言之，安慰劑效應就是病患得到療效，但這純粹是衍生自病患相信自己已經得到治療，即使他們沒有獲得治療。因此，如果給一群有某種病症的病患一顆藥丸，裡頭沒有有效成分，但告訴這些病患這個藥丸有療效，那麼會有一定的人數誠實報告他們的症狀減輕（且真正有此體驗）。然而，雖然有成千上萬的臨床測試顯示安慰劑效應的療效，但醫界仍認為，刻意給予病人安慰劑（而非給予具有效成分的藥物）是不道德的，除非病患主動參加實驗，知道自己可能獲得安慰劑。但是替代醫療的執業者則沒有這樣的障礙（雖然沒有人認為自己開的處方其實就是安慰劑）。

天坐在辦公桌前）。重點在於，一個產品或行為的自然性，與其固有的好處沒有關聯；把東西分成自然與不自然，當作快速決定什麼對我們好的依據，實在沒有幫助。有時候你就是得花點力氣，評估個別事物的優點。

天然與非天然產品所引起的爭議，跟自然與非自然行為的爭議相比，可說是小巫見大巫。同性戀就是明顯的例子，不斷被貼上「非自然」與「違反自然」的標籤。當然，以這例子來說，哪怕是套用任何一種對「自然」的定義，這個詆毀性的標籤其實就是判斷錯誤。的確，當今許多科學家已經努力重申同性戀的自然基礎，不僅強調其他物種也展現此行為，還積極研究其演化起源，以及對人類可能帶來的演化好處。舉例而言，二〇一九年，科學性網站「對話」（The Conversation）上刊出〈別再說它可以選擇：同性戀是由生物因子驅動的〉（Stop calling it a choice: Biological factors drive homosexuality），這篇文章清楚正確地解釋了基因與性傾向有很明確的連結。這篇文章的開頭段落有這句話：「生物學家已在超過四百五十個物種當中記錄到同性戀行為，主張同性戀行為並非不自然的選擇……」無獨有偶，安德瑞亞・坎佩瑞歐・查尼（Andrea Camperio Ciani）是二〇〇八年一項研究的主要作者，那篇研究發現，男同性戀或許特別受到選擇的青睞，因為同樣的基因在女性親屬身上會明顯增加其繁殖力；livescience.com

網站上曾引用其中一段：

> 我認為，這個例子說明科學研究的結果對社會有重大的意義……對抗同性戀的敵意，是因為有人說同性戀違反自然，會導致無法生殖。我們發現，這說法並不正確……

這全是正確的科學研究，但我想唱個反調，對於藉這種策略回應那些說同性戀不自然而反對的人，我要打個問號。反駁那些想以個人的道德規範強加到他人身上的特定主張，是很誘人（有些情況下或許也值得）的做法。但是急於傳達同性戀具有演化適應的價值，卻正好反映與支持這樣的社會：只要是自然的就願意接受，不自然就予以否定。換言之，像上面引用的聲明，默默承認了自不自然這件事是**重要的**，但其實這並不顯而易見。經過數十年的研究與宣導，社會才接受同性戀是「自然的」，如果都需要拿出同樣深入的生物證據，可想而知，我們也要等上那麼久的時間，忍受重重挫折才能克服挑戰，讓社會接受性別不安（gender dysphoria）、變性、無性戀與任何其他受到污名化的狀況與行為。我們還要進行多少遺傳研究，科學才能幫一個理性負責，卻感覺自己生錯了身體的成人辯護？要是這樣的研究始終沒有出現呢？要是跨性別的男子找不到證據，證明他們的行為是天擇青睞的呢？他們不該被逼入這樣的牆角。

有些人扛起挑戰，說明同性戀是自然的，我並不會懷疑這些人的意圖，我只是質疑這種做法的智慧，主要是因為從自然切入的論點，往往只淪為其他未言明的偏見的便利掩護。我擔心大家就科學層面悶頭向前衝，得到的是褊狹的合法性，同時讓接受其他少數族群的道路更加顛簸難行。我們就是**必須**改弦易轍，直搗問題核心，避開無數未來的爭議，提供充分的理由，一開始就說明自然和道德接受度無關。

這個理由並不難找。如果這本書的內容說明了什麼，那就是自然界充滿種種無人能合理認為符合道德教化的事件與行為。現在我已告訴你，白白餓死的大象、蓄奴的螞蟻、實行雌性生殖器切割的蜘蛛、操縱宿主自殺的病原體、演化出惡意與欺騙的合作者，以及各種形式的弒親、殺子、殘害手足行為。前述的狀況我也可以加上海獺強暴港海豹的幼獸（或海狗強暴國王企鵝）；一對對雄鹿在打鬥之時因為犄角交纏而死；鹿豚（一種野豬）的獠牙彎曲到插進自己的頭顱；以及許許多多的例子中，掠食者吃掉仍活蹦亂跳的獵物。宣稱任何人類的行為不道德，只是因為其不符合這個「自然」標籤下的悲慘與荒謬行為，這樣有任何道理嗎？但願答案不證自明。

我們何去何從？

我希望在本書結尾再提出最後一個想法，這想法是合理地（至少我認為是）衍生於我之前的論點，也就是演化並未朝著特定方向：若是這樣，那麼我們在往哪兒前進？

當然，我不知道。但我知道，不妨藉由評估我們目前做得如何來下手。首先可從諺語提到的低垂果實，亦即容易實現的目標開始：我們還在這裡……

……比起恐龍，我們算是幸運多了。經常聽人嘲諷恐龍有勇無謀，終於滅絕。的確，「恐龍」一詞經常是「落後」、「古老」、「過時」的代名詞。從某些方面來看，這算是公平的評價——最後的恐龍確實發現自己跟不上時代，連命都難保；恐龍原本是擁有多樣生物的譜系，包括有三根角、頸部有傘褶的裝甲坦克巨獸三角龍（*Triceratops*）、尾部像球棍的甲龍亞目（ankylosaur）、駭人的掠食者獸腳亞目（therapod）、無畏龍（*Dreadnoughtus*）這種高大的巨獸，以及近鳥龍屬（*Anchiornis*）這種棲息在樹上的小型馳龍科（dromaeosaur），最後只有一小個分支——鳥類進入六千六百萬年前展開的第三紀。其他的完全消失。

然而我們卻很容易忘記，正是希克蘇魯伯隕石為破天荒的王朝榮景拉下簾幕。比方說，蜥腳下目（無畏龍就屬於這一類）堪稱是史上最成功的陸生脊椎演化支，[160]在其生態系統中是稱霸一億年的植食動物，[161]大約是比雙足站立的人科出現時間要長二十五倍，也比智人（目前）的存續時間長至少三百倍。就連我們備受嘲笑的表親尼安德塔人，居住在地球的時間也比我們長。

那麼，我們究竟可以說自己這個物種有什麼成就呢？多半得看看你如何定義「成功」這個字。數量豐富是個選項，透過這個衡量方法，我們（目前）是很不錯；與人類差不多大小的動物，沒有哪一種的數量能和人類匹敵。和我們最不相上下的非馴化競爭者是食蟹海豹，[162]在第一章稍微提過，而其族群數量估計的最大值只有七千五百萬，而人類的數量則是其百倍。[163]然而，「大小差不多」這個條件大幅對我們有利，因為數量超過人類的無脊椎動物物種，多得數不清。此外，兩種野生的脊椎動物物種（褐鼠與家鼠）在人類文明之初就尾隨著我們，數量也可能超過我們，而那些我們馴化來利用的物種，數量當然會比我們多；根據「世界農場動物福利協會」（Compassion in World Farming）的資料顯示，農場上每年飼養的雞超過五百億隻。如果從基因的角度來看（別忘了，基因是天擇與演化的真正焦點），會認為在雞身上比在人身上好多了（如果只談數量的話，在感冒病毒上會更好）。

好吧，數量比不過了。壽命呢？人類算是相當年輕的物種，但我們有延續下去的條件嗎？顯然有兩點有利於我們。其中之一在於數量龐大，雖然很容易被許多較小的生物比下去，但是綜觀地球史上，像我們這種大小的生物來說，應該是史無前例。數量龐大來自於我們有能力因地制宜調整習慣，以及更重要的反過來讓地貌配合我們，而這讓我們擁有對抗災難事件的彈性，例如乾旱、火山爆發、海平面上升或疾病大流行，就算消滅了七十億人，還會剩下很多人，足以延續人類物種。這情況或許稱不上美好，但可以生存。

160 原註：演化支（clade）是一個分類學的標籤，用來描述任何有共同祖先的群體，而所有後代也都是成員。這個標籤可以應用到任何階層（包括族群、種、屬、界等等）。「鳥」（aves）就是演化支，因為如果你把所有的鳥集結起來，就不會排擠掉任何成員的後代。相對地，「爬蟲綱」（*Reptilia*）就不是如此；如果你畫一棵家族樹，並將所有爬蟲動物圈在一起，就得排除一些成員的後代（例如所有的哺乳類與鳥類）。蜥腳下目的後代沒有一個不是蜥腳下目，因此蜥腳下目也是演化支。

161 原註：提供一些資訊來參考，人科——也就是包括現代的大猿與長臂猿，以及早期人屬祖先，例如南方古猿（*Australopithecus*）、傍人（*Paranthropus*）與地猿（*Ardipithecus*）——大約存在了兩千五百萬年；智人存在的時間顯然也只有三十多萬年。

162 原註：大概是吧。精準數字無法取得，或許豎琴海豹的數量更多。

163 原註：在二〇二一年，世界人口估計超過七十九億。編註：二〇二四年四月，世界人口突破八十一億。

族群數量大也可能以幽微的方式促成物種延續。簡言之，有兩種方式會滅絕，要不就是無畏龍、斯特拉海牛這條路，且不留後代，或者就是你變成別的東西。第二項選擇有時稱為「假滅絕」（pseudoextinction），164這一定發生得相當頻繁。舉例而言，至少有一條恐龍主系以鳥的形態存活至今；若用通俗的話，你會說那些恐龍已滅絕，但若根據嚴格的分類學，你會說恐龍還好好的，還會在櫻桃樹上覓食。同樣地，許多現代人的基因體中還有少量的尼安德塔人DNA（我大概也有，雖然沒檢查），這表示，至少對這些人來說，石器時代的人種是他們的直系祖先。當然，這並不是說所有（或甚至大部分）曾活在世上的尼安德塔人都有子孫活到現在，但有些人確實有。因此，以深具意義的角度來看，我們那些腦袋和骨架都很粗壯的表親未曾滅絕。

回到手邊的主題，某物種如果是以單一、大型、密集的族群存在，就不太可能會變成別的物種，因為任何突變（即使是有用的）很可能因為雜交繁殖而埋沒。當一個族群的一小部分被分隔，物種形成（speciation）會發生得最快，因為基因發生變化時，會很快高比例散布到子族群。為了維持這項差異，這族群會需要保持隔離，直到和祖先族群差異極大，因此即使兩個族群相遇，也不會產生有生殖力的後代。在那之前的相遇，很可能會稀釋掉基因差異，回到可忽視的數量。因此，人類特別難在短時間的尺度內發生明顯的基因改變。不僅如此，我們也很特殊，能迴避那些曾驅動其他物種適應變化的外在條件。這並不是說我們不會面臨與回應這種壓力（舉例來說，瘧疾持續驅動人類族群中可觀的基因變化），但自從我們物種進步之後，影響已大幅消失（尤其是在工業化與地球村出現之後）。

列出了支持人類長壽潛力的因素之後，我們現在要應付的，則是缺點欄唯一一個亮得刺眼的項目。這論點大致上在第三章談到病原體時提過，亦即成功可能是雙面刃。病毒、細菌或任何病原體生物，都必須在繁殖（傷害宿主）以及傳播（需要宿主存活一段時間）之間取得平衡。在任何譜系與環境脈絡下，天擇最後將促成有最佳策略的病原體存活；毒性過強的菌株會消滅，那些犧牲自己的繁殖來限制傷害的菌株同樣活不成。然而——必須強調的「然而」——失敗的嘗試仍可能會發生，且會不斷發生，因為每當環境出現變化，都會需要重新調整，才能達到新的最佳解。

這裡的重要教訓是，沒有任何機制能先擋下自我毀滅的錯誤；一個致病力過高的病原體，也會因為其毒性不斷得到天擇「獎勵」，直到徹底毀掉生存下去的唯一工具

164 原註：有個相關詞彙「種系演化」（phyletic evolution），指的是譜系配合外在刺激的變化調整，而逐漸改變。在特定數量（數字不太明確）的改變發生後，我們可說，原始物種已經不存在，被另一種取代。

（也就是宿主。宿主死了，就無法將病原體傳給另一個宿主）。如果把這放回人類的脈絡，憑目前的成就就歸結出人類已找到勝利的策略，實屬言之過早；相反地，現在事實明擺在眼前，我們正在毀滅唯一的糧食來源（地球），且已嘗到苦果。我在第三章提出過一項概念：宿主受到某病原體的兩種競爭菌株感染，其中一種毒性甚高，另一種則會達到最適毒性（前提是宿主身上沒有別的菌株）。理論上，後者長期存活的前景比較好，但兩者都會因為前者難以為繼的成長而毀滅，兩者在宿主死亡後都沒有未來可言。我猜想，黑猩猩、大猩猩與紅毛猩猩都比人類有更長的壽命潛力，但我們全都會因為自認「優越」物種的行為而消失。

我深切希望，自己只是杞人憂天。

參考資料

前言

- Mehta, R.S. and Wainwright, P.C., 2007. Raptorial jaws in the throat help moray eels swallow large prey. *Nature*, 449(7158), pp.79–82.
- Wainwright, P.C., 2005. Functional morphology of the pharyngeal jaw apparatus. *Fish Physiology*, 23, pp.77–101.

第一章

- Bothma, J.D.P. and Coertze, R.J., 2004. Motherhood increases hunting success in southern Kalahari leopards. *Journal of Mammalogy*, 85(4),pp.756–760.
- Cresswell, W. and Quinn, J.L., 2010. Attack frequency, attack success and choice of prey group size for two predators with contrasting hunting strategies. *Animal Behaviour*, 80(4), pp.643–648.
- Dawkins, R. 1986. *The Blind Watchmaker*. Norton & Co., New York.
- Dawkins, R. and Krebs, J.R., 1979. Arms races between and within species. *Proceedings of the Royal Society of London. Series B. Biological Sciences*, 205(1161), pp.489–511.
- Gjertz, I. and Lydersen, C., 1986. Polar bear predation on ringed seals in the fast-ice of Hornsund, Svalbard. *Polar Research*, 4(1), pp.65–68.
- Hilborn, A. et al., 2012. Stalk and chase: how hunt stages affect hunting success in Serengeti cheetah. *Animal Behaviour*, 84(3), pp.701–706.
- Hocking, D.P. et al., 2013. Leopard seals (*Hydrurga leptonyx*) use suction and filter feeding when hunting small prey underwater. *Polar Biology*, 36(2), pp.211–222.
- Laurenson, M.K., 1994. High juvenile mortality in cheetahs (*Acinonyx jubatus*) and its consequences for maternal care. *Journal of Zoology, 234*(3), pp.387–408.
- MacDonald, H. 2006. *Falcon*. Reaktion Books, London.
- Ridley, M. 1993. *The Red Queen*. Viking Books, London
- Rodda, G.H. et al., 1992. Origin and population growth of the brown tree snake, *Boiga irregularis*, on Guam. Pacific Science (46), pp.46–57.
- Savidge, J.A., 1987. Extinction of an island forest avifauna by an introduced snake. *Ecology*, 68(3), pp.660–668.
- Wiles, G.J. et al., 2003. Impacts of the brown tree snake: patterns of decline and species persistence in Guam's avifauna. *Conservation Biology, 17*(5), pp.1350–1360.

第二章

- Davies, N.B., 2011. Cuckoo adaptations: trickery and tuning. *Journal of Zoology*, 284(1), pp.1–14.
- Davies, N.B. and Welbergen, J.A., 2008. Cuckoo–hawk mimicry? An experimental test. *Proceedings of the Royal Society B: Biological Sciences, 275*(1644), pp.1817–1822.
- Davies, N.B. and Welbergen, J.A., 2009. Social transmission of a host defense against cuckoo parasitism. *Science, 324*(5932), pp.1318–1320.
- Kilner, R.M. and Langmore, N.F., 2011. Cuckoos versus hosts in insects and birds: adaptations, counter-adaptations and outcomes. *Biological Reviews, 86*(4), pp.836–852.

- Langmore, N.E. et al., 2003. Escalation of a coevolutionary arms race through host rejection of brood parasitic young. *Nature, 422*(6928), pp.157–160.
- Lotem, A., 1993. Learning to recognize nestlings is maladaptive for cuckoo Cuculus canorus hosts. *Nature, 362*(6422), pp.743–745.
- Spottiswoode, C.N. et al., 2016. Reciprocal signaling in honeyguidehuman mutualism. *Science, 353*(6297), pp.387–389.
- Stoddard, M.C. and Stevens, M., 2010. Pattern mimicry of host eggs by the common cuckoo, as seen through a bird's eye. *Proceedings of the Royal Society B: Biological Sciences, 277*(1686), pp.1387–1393
- Šulc, M. et al., 2020. Caught on camera: circumstantial evidence for fatal mobbing of an avian brood parasite by a host. *Journal of Vertebrate Biology, 69*(1), pp.1–6.
- Welbergen, J.A. and Davies, N.B., 2008. Reed warblers discriminate cuckoos from sparrowhawks with graded alarm signals that attract mates and neighbours. *Animal Behaviour, 76*(3), pp.811–822.
- Welbergen, J.A. and Davies, N.B., 2009. Strategic variation in mobbing as a front line of defense against brood parasitism. *Current Biology, 19*(3), pp.235–240.
- Welbergen, J.A. and Davies, N.B., 2011. A parasite in wolf's clothing: hawk mimicry reduces mobbing of cuckoos by hosts. Behavioral *Ecology, 22*(3), pp.574–579.

第三章

- Auld, S.K. et al., 2016. Sex as a strategy against rapidly evolving parasites. *Proceedings of the Royal Society B: Biological Sciences, 283*(1845), p.20162226.
- Coyne, J.A., 2009. *Why Evolution is True*. Oxford University Press, Oxford.
- Desmettre, T., 2020. Toxoplasmosis and behavioural changes. *Journal francais d'ophtalmologie, 43*(3), pp.e89–e93.
- Herrmann, C. and Gern, L., 2015. Search for blood or water is influenced by *Borrelia burgdorferi in Ixodes ricinus. Parasites & Vectors, 8*(1), pp.1–8.
- Jiménez-Martínez, E.S. et al., 2004. Volatile cues influence the response of *Rhopalosiphum padi* (Homoptera: Aphididae) to Barley yellow dwarf virus-infected transgenic and untransformed wheat. *Environmental Entomology, 33*(5), pp.1207–1216.
- Koella, J.C. et al., 1998. The malaria parasite, Plasmodium falciparum, increases the frequency of multiple feeding of its mosquito vector, *Anopheles gambiae. Proceedings of the Royal Society of London. Series B: Biological Sciences, 265*(1398), pp.763–768.
- Musante, A.R. et al., 2007. Metabolic impacts of winter tick infestations on calf moose. Alces, 43, pp.101–110.
- Poirotte, C. et al., 2016. Morbid attraction to leopard urine in Toxoplasma-infected chimpanzees. *Current Biology, 26*(3), pp.R98–R99.
- Rupprecht, C.E. et al., 2002. Rabies re-examined. *The Lancet Infectious Diseases, 2*(6), pp.327–343.
- Smit, N.J. et al., 2014. Global diversity of fish parasitic isopod crustaceans of the family Cymothoidae. *International Journal for Parasitology: Parasites and Wildlife, 3*(2), pp.188–197.
- Weinersmith, K.L., 2019. What's gotten into you? A review of recent research on parasitoid manipulation of host behavior. *Current Opinion in Insect Science*, 33, pp.37–42.

第四章

- Basolo, A.L., 1990. Female preference predates the evolution of the sword in swordtail fish. *Science, 250*(4982), pp.808–810.
- Basolo, A.L., 1995. Phylogenetic evidence for the role of a pre-existing bias in sexual selection. *Proceedings of the Royal Society of London. Series B: Biological Sciences, 259*(1356), pp.307–311.
- Basolo, A.L., 1995. A further examination of a pre-existing bias favouring a sword in the genus Xiphophorus. *Animal Behaviour, 50*(2), pp.365–375.
- Basolo, A.L. and Alcaraz, G., 2003. The turn of the sword: length increases male swimming costs in swordtails. *Proceedings of the Royal Society of London. Series B: Biological Sciences,* 270(1524), pp.1631–1636.
- Berglund, A., 2000. Sex role reversal in a pipefish: female ornaments as amplifying handicaps. *Annales Zoologici Fennici,* 37, pp.1–13.
- Boyce, M.S., 1990. The red queen visits sage grouse leks. *American Zoologist,* 30(2), pp.263–270.
- Brooks, R., 2000. Negative genetic correlation between male sexual attractiveness and survival. *Nature,* 406(6791), pp.67–70.
- Bussière, L.F. et al., 2008. Contrasting sexual selection on males and females in a role-reversed swarming dance fly, *Rhamphomyia longicauda Loew* (Diptera: Empididae). *Journal of Evolutionary Biology, 21*(6), pp.1683–1691.
- Condit, R. et al., 2014. Lifetime survival rates and senescence in northern elephant seals. *Marine Mammal Science, 30*(1), pp.122–138.
- Cotton, S. et al., 2004. Condition dependence of sexual ornament size and variation in the stalk-eyed fly *Cyrtodiopsis dalmanni* (Diptera: Diopsidae). *Evolution, 58*(5), pp.1038–1046.
- Funk, D.H. and Tallamy, D.W., 2000. Courtship role reversal and deceptive signals in the long-tailed dance fly, *Rhamphomyia longicauda. Animal Behaviour, 59*(2), pp.411–421.
- Gibson, R.M. and Bradbury, J.W., 2014. 17. Male and female mating strategies on sage grouse leks. In *Ecological Aspects of Social Evolution* (pp. 379–398). Princeton University Press, Princeton, NJ.
- Gwynne, D.T. et al., 2007. Female ornaments hinder escape from spider webs in a role-reversed swarming dance fly. *Animal Behaviour, 73*(6), pp.1077–1082.
- Hernandez-Jimenez, A. and Rios-Cardenas, O., 2012. Natural versus sexual selection: predation risk in relation to body size and sexual ornaments in the green swordtail. *Animal Behaviour,* 84(4), pp.1051–1059.
- Hingle, A., Fowler, K., and Pomiankowski, A., 2001. Size-dependent mate preference in the stalk-eyed fly *Cyrtodiopsis dalmanni. Animal Behaviour, 61*(3), pp.589–595.
- Husak, J.F. et al., 2011. Compensation for exaggerated eye stalks in stalk-eyed flies (Diopsidae). *Functional Ecology, 25*(3), pp.608–616.
- Johnson, J.B. and Basolo, A.L., 2003. Predator exposure alters female mate choice in the green swordtail. *Behavioral Ecology, 14*(5), pp.619–625.
- Kruesi, K. and Alcaraz, G., 2007. Does a sexually selected trait represent a burden in locomotion? *Journal of Fish Biology, 70*(4), pp.1161–1170.
- Lloyd, K.J. et al., 2020. Trade-offs between age-related breeding improvement and survival senescence in highly polygynous elephant seals: dominant males always do better. *Journal of Animal Ecology, 89*(3), pp.897–909.

- Murray, R.L. et al., 2018. Sexual selection on multiple female ornaments in dance flies. *Proceedings of the Royal Society B: Biological Sciences, 285*(1887), p.20181525.
- Rogers, D.W., Grant, C.A., Chapman, T., Pomiankowski, A., and Fowler, K., 2006. The influence of male and female eye span on fertility in the stalk-eyed fly, *Cyrtodiopsis dalmanni. Animal Behaviour, 72*(6), pp.1363–1369
- Swallow, J.G. et al., 2000. Aerial performance of stalk-eyed flies that differ in eye span. *Journal of Comparative Physiology B, 170*(7), pp.481–487.
- Schamel, D. et al., 2004. Mate guarding, copulation strategies and paternity in the sex-role reversed, socially polyandrous red-necked phalarope Phalaropus lobatus. *Behavioral Ecology and Sociobiology, 57*(2), pp.110–118.
- Wheeler, J. et al., 2012. Stabilizing sexual selection for female ornaments in a dance fly. *Journal of Evolutionary Biology, 25*(7), pp.1233–1242.
- Wilkinson, G.S., Amitin, E.G., and Johns, P.M., 2005. Sex-linked correlated responses in female reproductive traits to selection on male eye span in stalk-eyed flies. *Integrative and Comparative Biology, 45*(3), pp.500–510.
- Wilkinson, G.S. and Reillo, P.R., 1994. Female choice response to artificial selection on an exaggerated male trait in a stalk-eyed fly. *Proceedings of the Royal Society of London. Series B: Biological Sciences, 255*(1342), pp.1–6.
- Worthington, A.M. and Swallow, J.G., 2010. Gender differences in survival and antipredatory behavior in stalk-eyed flies. *Behavioral Ecology, 21*(4), pp.759–766.

第五章

- Austad, S.N. and Hoffman, J.M., 2018. Is antagonistic pleiotropy ubiquitous in aging biology? *Evolution, Medicine, and Public Health, 2018*(1), pp.287–294.
- Chen, J. et al., 2007. A demographic analysis of the fitness cost of extended longevity in Caenorhabditis elegans. *The Journals of Gerontology Series A: Biological Sciences and Medical Sciences, 62*(2), pp.126–135.
- Dańko, M.J. et al., 2015. Unraveling the non-senescence phenomenon in Hydra. *Journal of Theoretical Biology*, 382, pp.137–149.
- Garsin, D.A. et al., 2003. Long-lived C. elegans daf-2 mutants are resistant to bacterial pathogens. *Science, 300*(5627), pp.1921–1921.
- Henning, J. et al., 2015. The causes and prognoses of different types of fractures in wild koalas submitted to wildlife hospitals. *Preventive Veterinary Medicine, 122*(3), pp.371–378.
- Janssen, V., 2012. Indirect tracking of drop bears using GNSS technology. *Australian Geographer, 43*(4), pp.445–452.
- Jones, O.R. et al., 2014. Diversity of ageing across the tree of life. *Nature, 505*(7482), pp.169–173.
- Jones, O.R. and Vaupel, J.W., 2017. Senescence is not inevitable. *Biogerontology, 18*(6), pp.965–971.
- Kenyon, C. et al., 1993. A C. elegans mutant that lives twice as long as wild type. *Nature, 366*(6454), pp.461–464.
- Kirkwood, T.B. and Rose, M.R., 1991. Evolution of senescence: late survival sacrificed for reproduction. *Philosophical Transactions of the Royal Society of London. Series B: Biological Sciences, 332*(1262), pp.15–24.

- Lanyon, J.M. and Sanson, G.D., 1986. Koala (Phascolarctos cinereus) dentition and nutrition. II. Implications of tooth wear in nutrition. *Journal of Zoology, 209*(2), pp.169–181.
- Livingston, C. et al., 2017. Man-eating teddy bears of the scrub: exploring the Australian drop bear urban legend. *eTropic: Electronic Journal of Studies in the Tropics, 16*(1).
- Logan, M. and Sanson, G.D., 2002. The effect of tooth wear on the feeding behaviour of free-ranging koalas (*Phascolarctos cinereus*, Goldfuss). *Journal of Zoology, 256*(1), pp.63–69.
- Luebke, A. et al., 2019. Optimized biological tools: ultrastructure of rodent and bat teeth compared to human teeth. *Bioinspired, Biomimetic and Nanobiomaterials, 8*(4), pp.247–253.
- McComb, K. et al., 2001. Matriarchs as repositories of social knowledge in African elephants. *Science, 292*(5516), pp.491–494.
- McComb, K. et al., 2011. Leadership in elephants: the adaptive value of age. *Proceedings of the Royal Society B: Biological Sciences, 278*(1722),pp.3270–3276.
- Martınez, D.E., 1998. Mortality patterns suggest lack of senescence in hydra. *Experimental Gerontology, 33*(3), pp.217–225.
- Medawar, P.B., 1952. *An Unsolved Problem of Biology.* Lewis, London.
- Nussey, D.H. et al., 2013. Senescence in natural populations of animals: Widespread evidence and its implications for bio-gerontology. *Ageing Research Reviews*, 12(1), pp.214–225.
- Obendorf, D.L., 1983. Causes of mortality and morbidity of wild koalas, *Phascolarctos cinereus* (Goldfuss), in Victoria, Australia. *Journal of Wildlife Diseases*, 19(2), pp.123–131.
- Schaible, R. et al., 2014. Aging and potential for self-renewal: hydra living in the age of aging – a mini-review. *Gerontology, 60*(6), pp.548–556.
- Schaible, R. et al., 2015. Constant mortality and fertility over age in Hydra. *PNAS, 112*(51), pp.15701–15706.
- da Silva, J., 2019. Plastic senescence in the honey bee and the disposable soma theory. *The American Naturalist, 194*(3), pp.367–380.
- Sun, S. et al., 2020. Inducible aging in *Hydra oligactis* implicates sexual reproduction, loss of stem cells, and genome maintenance as major pathways. *GeroScience, 42*(4), pp.1119–1132.
- Williams, G.C., 1957. Pleiotropy, natural selection, and the evolution of senescence. *Evolution*, 11, pp.398–411.
- Woyciechowski, M. and Koz owski, J., 1998. Division of labor by division of risk according to worker life expectancy in the honey bee (*Apis mellifera L.*). *Apidologie, 29*(1–2), pp.191–205.

第六章

- Baratte, S. et al., 2006. Reproductive conflicts and mutilation in queenless Diacamma ants. *Animal Behaviour, 72*(2), pp.305–311.
- Camerer, C.F., 2003. *Behavioral Game Theory: Experiments in Strategic Interaction.* Princeton University Press, Princeton, NJ.
- Dawkins, R. 1976. *The Selfish Gene.* Oxford University Press, Oxford.
- Dawkins, R. 1986. *The Blind Watchmaker.* Norton & Co., New York.
- D'Ettorre, P. et al., 2000. Sneak in or repel your enemy: Dufour's gland repellent as a strategy for successful usurpation in the slave-maker *Polyergus rufescens. Chemoecology, 10*(3), pp.135–142.
- De Roode, J.C. et al., 2005. Virulence and competitive ability in genetically diverse malaria infections. *PNAS, 102*(21), pp.7624–7628.

- Griffin, A.S. and West, S.A., 2002. Kin selection: fact and fiction. *Trends in Ecology & Evolution*, 17(1), pp.15–21.
- Flower, T., 2011. Fork-tailed drongos use deceptive mimicked alarm calls to steal food. *Proceedings of the Royal Society B: Biological Sciences*, 278(1711), pp.1548–1555.
- Flower, T.P. and Gribble, M., 2012. Kleptoparasitism by attacks versus false alarm calls in fork-tailed drongos. *Animal Behaviour*, 83(2), pp.403–410.
- Flower, T.P. et al., 2014. Deception by flexible alarm mimicry in an African bird. *Science*, 344(6183), pp.513–516.
- Gardner, A. et al., 2004. Bacteriocins, spite and virulence. *Proceedings of the Royal Society of London. Series B: Biological Sciences*, 271(1547), pp.1529–1535.
- Gardner, A. et al., 2007. Spiteful soldiers and sex ratio conflict in polyembryonic parasitoid wasps. *The American Naturalist*, 169, pp.519–534.
- Giron, D. et al., 2004. Aggression by polyembryonic wasp soldiers correlates with kinship but not resource competition. *Nature*, 430(7000), pp.676–679.
- Giron, D. et al., 2007. Male soldier caste larvae are non-aggressive in the polyembryonic wasp *Copidosoma floridanum*. *Biology Letters*, 3(4), pp.431–434.
- Giron, D. and Strand, M.R., 2004. Host resistance and the evolution of kin recognition in polyembryonic wasps. *Proceedings of the Royal Society of London. Series B: Biological Sciences*, 271(suppl_6), pp.S395–S398.
- Gleichsner, A.M. and Minchella, D.J., 2014. Can host ecology and kin selection predict parasite virulence? *Parasitology*, 141(8), pp.1018–1030.
- Grüter, C. et al., 2016. Warfare in stingless bees. *Insectes Sociaux*, 63(2), pp.223–236.
- Hamilton, W.D., 1964. The genetical evolution of social behaviour. I. *Journal of Theoretical Biology*, 7(1), pp.1–17.
- Hamilton, W.D., 1964. The genetical evolution of social behaviour. II. *Journal of Theoretical Biology*, 7(1), pp.17–52.
- Hodgson, D.J. et al., 2004. Host ecology determines the relative fitness of virus genotypes in mixed-genotype nucleopolyhedrovirus infections. *Journal of Evolutionary Biology*, 17(5), pp.1018–1025.
- Mori, A. et al., 2000. Colony founding in Polyergus rufescens: the role of the Dufour's gland. Insectes Sociaux, 47(1), pp.7–10. Mori, A. et al., 2001. Comparison of reproductive strategies and raiding behaviour in facultative and obligatory slave-making ants: the case of Formica sanguinea and Polyergus rufescens. *Insectes Sociaux*, 48(4), pp.302–314.
- Nash, D.R. et al., 2008. A mosaic of chemical coevolution in a large blue butterfly. *Science*, 319(5859), pp.88–90.
- Ridley, M. 1993. *The Red Queen*. Viking Books, London.
- Shackleton, K. et al., 2015. Appetite for self-destruction: suicidal biting as a nest defense strategy in Trigona stingless bees. *Behavioral Ecology and Sociobiology*, 69(2), pp.273–281.
- Straub, P.G. and Murnighan, J.K., 1995. An experimental investigation of ultimatum games: information, fairness, expectations, and lowest acceptable offers. *Journal of Economic Behavior & Organization*, 27(3), pp.345–364.
- Thomas, J.A. et al., 2002. Parasitoid secretions provoke ant warfare. *Nature*, 417(6888), pp.505–506.

- Tofilski, A. et al., 2008. Preemptive defensive self-sacrifice by ant workers. *The American Naturalist*, 172(5), pp.E239–E243.
- West, S.A. and Buckling, A., 2003. Cooperation, virulence and siderophore production in bacterial parasites. *Proceedings of the Royal Society of London. Series B: Biological Sciences*, 270(1510), pp.37–44.
- West, S.A. et al., 2007. Evolutionary explanations for cooperation. *Current Biology*, 17(16), pp.R661–R672.
- West, S.A. and Gardner, A., 2010. Altruism, spite, and greenbeards. *Science*, 327(5971), pp.1341–1344.

第七章

- Anderson, D.J., 1990. Evolution of obligate siblicide in boobies. 1. A test of the insurance-egg hypothesis. *The American Naturalist*, 135(3), pp.334–350.
- Anderson, D.J., 1990. Evolution of obligate siblicide in boobies. 2: Food limitation and parent–offspring conflict. *Evolution*, 44(8), pp.2069–2082.
- Arnqvist, G. and Rowe, L., 1995. Sexual conflict and arms races between the sexes: a morphological adaptation for control of mating in a female insect. *Proceedings of the Royal Society of London. Series B: Biological Sciences*, 261(1360), pp.123–127.
- Brennan, P.L. et al., 2007. Coevolution of male and female genital morphology in waterfowl. *PLoS One*, 2(5), p.e418.
- Brennan, P.L. et al., 2010. Explosive eversion and functional morphology of the duck penis supports sexual conflict in waterfowl genitalia. *Proceedings of the Royal Society B: Biological Sciences*, 277(1686), pp.1309–1314.
- Bruce, H.M., 1959. An exteroceptive block to pregnancy in the mouse. *Nature*, 184(4680), pp.105–105.
- Cheng, Y.R. et al., 2019. Nest predation predicts infanticide in a cooperatively breeding bird. *Biology Letters*, 15(8), p.20190314.
- Clifford, L.D. and Anderson, D.J., 2001. Experimental demonstration of the insurance value of extra eggs in an obligately siblicidal seabird. *Behavioral Ecology*, 12(3), pp.340–347.
- Chapman, T. et al., 1995. Cost of mating in Drosophila melanogaster females is mediated by male accessory gland products. *Nature*, 373(6511), pp.241–244.
- Chapman, T. et al., 2003. Sexual conflict. *Trends in Ecology & Evolution*, 18(1), pp.41–47.
- Crudgington, H.S. and Siva-Jothy, M.T., 2000. Genital damage, kicking and early death. *Nature*, 407(6806), pp.855–856.
- Gage, M., 2004. Evolution: sexual arms races. *Current Biology*, 14(10), pp.R378–R380.
- Garcia-Vazquez, E. et al., 2001. Alternative mating strategies in Atlantic salmon and brown trout. *Journal of Heredity*, 92(2), pp.146–149.
- Godfray, H.C.J., 1991. Signalling of need by offspring to their parents. *Nature*, 352(6333), pp.328–330.
- Harano, T. and Kutsukake, N., 2018. The evolution of male infanticide in relation to sexual selection in mammalian carnivores. *Evolutionary Ecology*, 32(1), pp.1–8.
- Kennedy, P. and Radford, A.N., 2021. Kin blackmail as a coercive route to altruism. *The American Naturalist*, 197(2), pp.266–273.

- Kramer, J. et al., 2017. When earwig mothers do not care to share: parent– offspring competition and the evolution of family life. *Functional Ecology, 31*(11), pp.2098–2107.
- Morandini, V. and Ferrer, M., 2015. Sibling aggression and brood reduction: a review. *Ethology Ecology & Evolution, 27*(1), pp.2–16.
- Mouginot, P. et al., 2017. Evolution of external female genital mutilation: why do males harm their mates? *Royal Society Open Science, 4*(11), p.171195.
- Parker, G.A., 2020. Conceptual developments in sperm competition: a very brief synopsis. *Philosophical Transactions of the Royal Society B, 375*(1813), p.20200061.
- Roberts, E.K. et al., 2012. A Bruce effect in wild geladas. *Science, 335*(6073), pp.1222–1225.
- Royle, N.J. et al., 2002. Begging for control: when are offspring solicitation behaviours honest? *Trends in Ecology & Evolution, 17*(9), pp.434–440.
- Stutt, A.D. and Siva-Jothy, M.T., 2001. Traumatic insemination and sexual conflict in the bed bug *Cimex lectularius. PNAS, 98*(10), pp.5683–5687.
- Tatarnic, N.J. et al., 2014. Traumatic insemination in terrestrial arthropods. *Annual Review of Entomology, 59*, pp.245–261.
- Tregenza, T. et al., 2006. Introduction. Sexual conflict: a new paradigm? *Philosophical Transactions of the Royal Society B: Biological Sciences, 361*(1466), pp.229–234.
- Zahavi, A., 1977. Reliability in communication systems and the evolution of altruism. In *Evolutionary Ecology* (pp. 253–259). Palgrave, London.

第八章

- Boal, C.W., 1997. An urban environment as an ecological trap for Cooper's hawks (Doctoral dissertation, The University of Arizona).
- Boal, C.W. and Mannan, R.W., 1999. Comparative breeding ecology of Cooper's hawks in urban and exurban areas of southeastern Arizona. *The Journal of Wildlife Management*, pp.77–84.
- Crerar, L.D. et al., 2014. Rewriting the history of an extinction—was a population of Steller's sea cows (Hydrodamalis gigas) at St Lawrence Island also driven to extinction? *Biology letters, 10*(11), p.20140878.
- Estes, J.A. et al., 2016. Sea otters, kelp forests, and the extinction of Steller's sea cow. *PNAS, 113*(4), pp.880–885.
- Frost, O.W., 1994. Vitus Bering and Georg Steller: their tragic conflict during the American expedition. *The Pacific Northwest Quarterly, 86*(1), pp.3–16.
- Gill, F.L. et al., 2018. Diets of giants: the nutritional value of sauropod diet during the Mesozoic. *Palaeontology, 61*(5), pp.647–658.
- Kriska, G. et al., 1998. Why do mayflies lay their eggs en masse on dry asphalt roads? Water-imitating polarized light reflected from asphalt attracts Ephemeroptera. *The Journal of Experimental Biology, 201*(15), pp.2273–2286.
- Lacovara, K.J. et al., 2014. A gigantic, exceptionally complete titanosaurian sauropod dinosaur from southern Patagonia, Argentina. *Scientific Reports, 4*(1), pp.1–9.
- Mannan, R.W. et al., 2008. Identifying habitat sinks: a case study of Cooper's hawks in an urban environment. *Urban Ecosystems, 11*(2), pp.141–148.
- Sander, P.M. and Clauss, M., 2008. Sauropod gigantism. *Science, 322*(5899), pp.200–201.
- Sander, P.M. et al., 2011. Biology of the sauropod dinosaurs: the evolution of gigantism. *Biological Reviews, 86*(1), pp.117–155.

- Schulte, P. et al., 2010. The Chicxulub asteroid impact and mass extinction at the Cretaceous-Paleogene boundary. *Science, 327*(5970), pp.1214–1218.
- Stejneger, L., 1887. How the great northern sea-cow (Rytina) became exterminated. The *American Naturalist, 21*(12), pp.1047–1054.
- Wedel, M.J., 2003. Vertebral pneumaticity, air sacs, and the physiology of sauropod dinosaurs. *Paleobiology, 29*(2), pp.243–255.

第九章

- Aars, J. et al., 2015. White-beaked dolphins trapped in the ice and eaten by polar bears. *Polar Research, 34*(1), p.26612.
- Amano, M. et al., 2011. Age determination and reproductive traits of killer whales entrapped in ice off Aidomari, Hokkaido, Japan. *Journal of Mammalogy, 92*(2), pp.275–282.
- Coyne, J.A., 2009. *Why Evolution is True*. Oxford University Press, Oxford.
- Darwin, C., 1859. *On the Origin of Species*. John Murray, London.
- González, F. and Pabón-Mora, N., 2015. Trickery flowers: the extraordinary chemical mimicry of Aristolochia to accomplish deception to its pollinators. *New Phytologist, 206*(1), pp.10–13.
- More, H., 1653. *An Antidote to Athesm*. Roger Daniel, London.
- Oelschlägel, B. et al., 2015. The betrayed thief – the extraordinary strategy of Aristolochia rotunda to deceive its pollinators. *New Phytologist, 206*(1), pp.342–351.
- Rowe, E.W., 2018. Arctic international relations: new stories on rafted ice. In *Arctic Governance*. Manchester University Press, Manchester.

第十章

- Camperio Ciani, A. et al., 2008. Sexually antagonistic selection in human male homosexuality. *PLoS One, 3*(6), p.e2282.
- Haddad, W.A. et al., 2015. Multiple occurrences of king penguin(*Aptenodytes patagonicus*) sexual harassment by Antarctic fur seals(*Arctocephalus gazella*). *Polar Biology, 38*(5), pp.741–746.
- Harris, H.S. et al., 2010. Lesions and behavior associated with forced copulation of juvenile Pacific harbor seals (*Phoca vitulina richardsi*) by southern sea otters (*Enhydra lutris nereis*). *Aquatic Mammals, 36*(4), p.331.
- Meier, B.P. et al., 2019. Naturally better? A review of the natural-is-better bias. *Social and Personality Psychology Compass, 13*(8), p.e12494.
- Moskowitz, C. 2008. Why Gays Don't Go Extinct. *LiveScience*, www. livescience.com/2623-gays-dont-extinct.html [accessed 20/12/2021].
- Sullivan, B. 2019. Stop calling it a choice: Biological factors drive homosexuality. *The Conversation*, https://theconversation. com/stop-calling-it-a-choice-biological-factors-drivehomosexuality-122764 [accessed 20/12/2021].

CIRCLE 4

失控的演化群像

合作、攻防、惡意與自私基因，從物種怪奇案例看見天擇的限制與多樣性

Flaws of Nature: The Limits and Liabilities of Natural Selection

作　　者　安迪・道布森（Andy Dobson）
譯　　者　呂奕欣
審　　訂　黃貞祥、汪澤宏（昆蟲生態部分）
專案行銷　許人禾、徐緯程
特約編輯　聞若婷
責任編輯　何韋毅
內文排版　葉若蒂
封面設計　郭彥宏
副總編輯　何韋毅

出　　版　行路／遠足文化事業股份有限公司
發　　行　遠足文化事業股份有限公司（讀書共和國出版集團）
　　　　　地址：231 新北市新店區民權路 108 之 2 號 9 樓
　　　　　郵政劃撥帳號：19504465 遠足文化事業股份有限公司
　　　　　電話：（02）2218-1417；客服專線：0800-221-029
　　　　　客服信箱：service@bookrep.com.tw

法律顧問　華洋法律事務所／蘇文生律師
印　　製　中原造像股份有限公司
出版日期　2025 年 3 月／初版一刷
定　　價　490 元
I S B N　978-626-7244-75-3（紙本）
　　　　　978-626-724-474-6（EPUB）
　　　　　978-626-724-473-9（PDF）
書　　號　3OCI0004

國家圖書館出版品預行編目資料

失控的演化群像：合作、攻防、惡意與自私基因，從物種怪奇案例看見天擇的限制與多樣性／安迪・道布森（Andy Dobson）著；呂奕欣譯 .-- 初版 .-- 新北市：行路，遠足文化事業股份有限公司，2025.03
328 面；14.8×21 公分
譯自：Flaws of nature: the limits and liabilities of natural selection
ISBN：978-626-7244-75-3（平裝）
1.CST: 反演化論

362.9　　113017914